高高国际　出品

从迷你烤箱开始学烘焙

曲奇·面包·蛋糕

［韩］高尚振 著

季成 译

民主与建设出版社

图书在版编目（CIP）数据

从迷你烤箱开始学烘焙 /（韩）高尚振著；季成译
. -- 北京 : 民主与建设出版社, 2015.4
ISBN 978-7-5139-0642-5

Ⅰ. ①从… Ⅱ. ①高… ②季… Ⅲ. ①烘焙—糕点加
工. Ⅳ. ①TS213.2

中国版本图书馆CIP数据核字（2015）第086362号

版权登记号：01-2015-4082

从迷你烤箱开始学烘焙

出 版 人	许久文
著 者	［韩］高尚振
译 者	季 成
责任编辑	刘 芳
整体设计	北京高高国际文化传媒有限责任公司 Beijing GaoGao International Culture Media Group Co, Ltd
出版发行	民主与建设出版社有限责任公司
电 话	（010）59417749　　59419770
社 址	北京市朝阳区阜通东大街融科望京中心B座601室
邮 编	100102
印 刷	北京时捷印刷有限公司
成品尺寸	710mm×1000mm　　1/16
印 张	8.75
字 数	139千字
版 次	2015年9月第1版　　2015年9月第1次印刷
书 号	ISBN 978-7-5139-0642-5
定 价	35.00元

注：如有印、装质量问题，请与出版社联系。

✗   详细介绍烤箱的用法，减少初学者对烤箱的陌生感；

✗   从简单的曲奇开始，到相对复杂的面包，循序渐进地说明烘焙的基础技巧；

✗   司康饼、松饼、重糖重油蛋糕、奶油蛋糕、馅饼……

✗   简单又受欢迎的制作方法，韩国天才烘焙师诚意分享制作过程中的心得体会！

Prologue

我只介绍容易学、有范儿、
乐趣多的烘焙方法!

"怎么样才能让每个人都轻轻松松地烘焙面包呢？"

——本书就从这个问题开始吧！

想必很多人都渴望自己在家烘焙面包，但真要开始却绝非易事。一想到准备这样那样的工具，要花费许多时间，还需要一定的技术……大家不免会感到"压力山大"。但事实不是这样，我们每个人都能在家轻松地做出面包和点心。

我最初接触烘焙是在10年前，那会儿在家做面包有不少现实的困难。但现如今，烘焙的工具和材料日益多样，相关信息也极为丰富。特别是家用的迷你烤箱的面世，它外形小巧且性能优良，可以让每个人都能在家烘焙点心，毫无压力。

这本书的重点就是帮助初学者快速入门并且取得成功。在书中我会详细地介绍烤箱的用法，减少初学者对烤箱的陌生感，从简单的曲奇开始，到相对复杂的面包，循序渐进地说明烘焙的基础技巧。司康饼、松饼、重糖重油蛋糕、奶油蛋糕、馅饼……这些面点的制作又简单又受欢迎，在书里我会把自己制作过程中的心得体会都一一说明，现在你一定跃跃欲试了吧？

最后借此机会对本书出版给予帮助的朋友和梁正秀老师表示感谢。

希望更多的人通过本书获得更多的幸福感。

고 상 진

高尚振

Part 1 曲奇 & 茶饼

18
巧克力碎曲奇

20
霜糖曲奇

22
奶油曲奇

24
蔓越莓曲奇

26
姜饼人

28
巧克力曲奇

30
红茶全麦曲奇

32
杏仁曲奇

34
小厚酥饼

36
雪球

38
Biscotti 意式脆饼

40
达克瓦兹

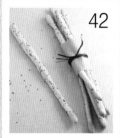
42
面包棒

44
原味松饼

46
芝士松饼

48
蔓越莓全麦松饼

Part 2 磅蛋糕 & 杯糕

56

巧克力磅蛋糕

58

橙子磅蛋糕

60

西梅磅蛋糕

62

绿茶磅蛋糕

64

胡萝卜磅蛋糕

66

玛德琳蛋糕

68

巧克力杯糕

70

蓝莓杯糕

72

香蕉杯糕

Contents

Part 3 蛋糕 & 甜点

Part 4 面包

112
早餐包

114
蛋黄酱面包

116
豆沙面包

118
咖啡面包

120
百吉圈

122
免揉低温发酵面包

124
意香草橄榄油面包

126
低温快速发酵面包

Cookie · Scone
Poundcake
Muffin
Cake · Bread

饼干·面包·蛋糕

从迷你烤箱开始
学烘焙

保证味道和形状的基本材料

全麦面粉　　　　　　　可可粉

面粉　　　糖粉　　　杏仁粉

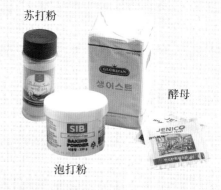

苏打粉

酵母

泡打粉

面粉　　根据麸质含量可以分为高筋粉、中筋粉和低筋粉。麸质含量高的高筋粉一般用于制作面包，而低筋粉麸质含量较低，常用来做点心和蛋糕。中筋粉在普通的面粉食物中被广泛地使用。

全麦面粉　　由麦粒整颗打磨而成，比普通的面粉含有更丰富的纤维、微量元素和维生素。用全麦面粉制作面包，营养丰富且麦香浓郁。

可可粉　　可可果的果实是可可豆，这也是巧克力的原料，将可可豆磨成粉末，可以在制作曲奇和蛋糕时增添味道和颜色。建议使用不含糖分的无糖可可粉。计算面点重量时要将可可粉的重量计算在内。

杏仁粉　　将杏仁去皮磨成粉，在曲奇和蛋糕中放入增添浓郁的香味。杏仁粉非常容易变质，如果一次使用不完，建议放在密封容器放置冰箱内冷藏。

糖粉　　制作奶油、曲奇、面包时放入增添甜味，也可以撒在曲奇、蛋糕、面包的表面，这时要使用混合淀粉的糖粉才能避免不结团儿。建议使用不含任何添加物的纯糖粉。糖粉对温度和湿度都很敏感，所以一定要放在容器理密封保存。

酵母　　和面时放入，可以帮助面粉发酵。分为鲜酵母和干酵母，前者发酵更佳，能带来更好的口感，缺点是使用不便。干酵母则可以在和面时直接使用。酵母应该放在密封容器中，置于避光阴凉处保存。

苏打粉·泡打粉　　都是和面时使用的人工膨胀剂。苏打粉含有 100% 的重碳酸钠，而泡打粉是在重碳酸钠上添加了酸性剂和分散剂。苏打粉中的碱性成分与面粉反应，使面粉的生物类黄酮色素着色，所以用苏打粉和的面会呈金黄色。发挥苏打粉的这种特性，我们可以制作巧克力或者黑糖类的面点，做出的面点颜色深而且富有口感。但要注意如果苏打粉放入过量，面的颜色会过黄而且带有苦味。泡打粉相对来说弥补了苏打粉的缺陷，更适合用来做面包和蛋糕。

初次接触烘焙，除了面粉、奶油、鸡蛋等常见材料之外，还会接触到很多不熟悉的材料。首先要明白材料的用法和特性，这样才能把握面点的口味和品相。

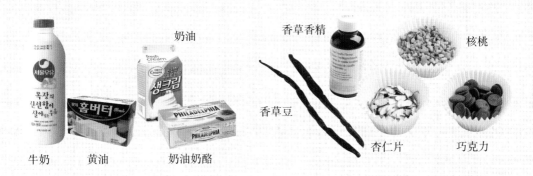

奶油

香草香精

核桃

香草豆

牛奶　　黄油　　　奶油奶酪

杏仁片　　巧克力

牛奶　和面时加入牛奶可以使面饼更加柔软，并且呈现出更好的色泽。牛奶是乳蛋糕乳脂（custard cream）的主料。比起低脂肪的牛奶，普通的牛奶口味更佳。

黄油　是从牛奶中提取乳脂肪凝固而成，在烘焙中被广泛使用。制作派的时候可以让边缘香脆可口，而制作曲奇和蛋糕时能让点心更加柔软。做曲奇时使用凉的黄油，做蛋糕时使用在室温中溶化的黄油。

奶油　从牛奶中分离出了乳脂肪，其用途与牛奶一样。由于可以制造出丰富的泡沫，大多使用在蛋糕表面或添加在蛋糕里。乳脂肪含量越高的奶油制造出的泡沫强度也更高，口味更好。由于奶油在高温下非常容易溶化，最好放在盛满冰块的碗中。植物氢化油制作而成的奶油虽然不受温度的限制，但味道相对逊色。

奶油奶酪　是一种未经发酵的生奶酪，奶酪本身的气味较少，主要用于糕点制作。奶油奶酪有浓郁香甜的味道，是制作纽约芝士蛋糕的主料。保质期较为有限，开封后应尽快使用。

香草豆·香草香精·香草油　香草豆是香草的果实，发酵处理后可以用来增添甜味的香气。香草香精和香草油都是有香草香气的浓缩液，其香气和香味浓郁，制作面点时放入少量即可。另外，香草可以去掉鸡蛋的腥味，使鸡蛋制品的味道更加香甜。香草香精的挥发性极强，主要用于制作冷却后食用的曲奇和蛋糕。而香草油更多地用于长时间加热烤制的面包和磅蛋糕之类。

坚果类　杏仁、花生、核桃等坚果类广泛地使用于烘焙曲奇、蛋糕和派，它们能带来浓郁的味道和松脆的口感。杏仁片更多会磨成粉后使用，核桃和花生则大多切碎后使用。

巧克力　可可果的果实提取出可可粉，再加上牛奶、糖、香精即可制成巧克力，巧克力大致可以分为黑巧克力、牛奶巧克力和白巧克力。黑巧克力的可可脂含量高，颜色深，而且有些许苦味，在糕点制作时主要用其增加味和色。牛奶巧克力含有牛奶，口感柔和。白巧克力中不含有可可粉，只含有可可味香精。很多点心中我们都将巧克力打碎溶化后使用。

使用简便的基本工具

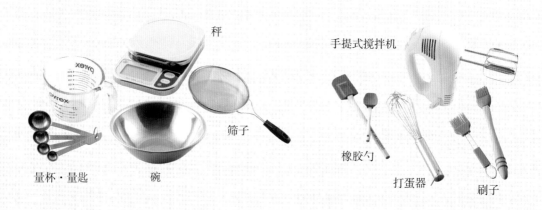

秤

手提式搅拌机

筛子

橡胶勺

打蛋器

刷子

量杯·量匙　　　碗

量杯·量匙　为了准确度量而使用的工具，量匙包括一大匙（15ml），一小匙（5ml），半小匙（2.5ml）等。量杯在度量更大容量时使用。一般大杯是200ml，国外的量杯有的设定为237ml，所以提醒各位如果购买进口量杯，一定要确定其容量，另外最好买有刻度的量杯便于直接观测。

秤　包括电子称和指针秤。因为烘焙时要对材料和面饼随时计量，所以电子称更为方便。烘焙用的家庭电子称最小单位应该是1g，最大称重范围应该以3kg为宜。

碗　在搅拌材料和和面时使用，考虑到便于加热和冷藏，碗的材质可以选用不锈钢。选择有深度、碗口大的用起来更便利，可以备置几个不同大小的。

筛子　为了使大部分粉状材料的粒子之间添加空气，需要使用筛子进行过滤。当很多材料放在一起混合的时候，筛检杂质使面粉质量更佳。另外，还可以使用筛子在面点上撒糖粉。

手提式搅拌机　在和面、打蛋、制作奶泡时使用，极为方便。还有如制作蓝莓杯糕等时，可以用这个来搅拌。手提式搅拌机用途多多，并且又省时省力。

橡胶勺　用于材料放在一起时搅拌，或者精细地刮下和好的面。硅胶材质的勺子可以安心地在高温下使用，而橡胶勺多用来盛奶油和酱汁。

打蛋器　可以将材料混合，打鸡蛋，把黄油打制成膏状等。为了打制泡沫，应使用型号大且铁丝致密的打蛋器，混合材料则使用较小型号的，铁丝网要有一定硬度。

刷子　用于在面包、蛋糕、曲奇等上涂抹糖浆或酱汁。还有一个用处是在烤盘和模子里刷油，防止面粘在容器上。硅胶刷不会掉毛，方便使用和清理。建议选择大小适中的刷子。

工欲善其事，必先利其器。
各式各样烘焙工具的特点及用法应该熟记心间，并能够灵活使用。

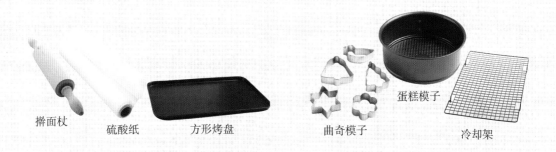

擀面杖　硫酸纸　方形烤盘　曲奇模子　蛋糕模子　冷却架

擀面杖　把面饼压平或擀薄时使用。建议选择表面光滑，直径为3~4cm为宜。木质擀面杖要优于塑料制品。木擀面杖使用后一定要干燥保存。

硫酸纸　制作蛋糕和杯糕时在模子中铺上硫酸纸，可以帮助塑形，并且便于从模子中取出。在烤盘上铺上烤曲奇，可以避免烤糊。也可以围成尖帽子形状作为喷嘴。

方形烤盘　烘焙中最常用的基础烤盘。高度较低的用于烤制面包和曲奇，边缘高一点的用来烤蛋糕。选择不粘锅可以不担心和面时黏在上面。如果做湿软一点的蛋糕，可以在烤盘注水再放置蛋糕模具，这样就能够调节温度和湿度。

曲奇模子　模子用来定型，可以制作出动物、花朵、星星等形状的曲奇，模子的材料包括铝、硅胶、塑料等。在发酵好、薄而平的面饼上，用模子可以抠出形状。用完之后要清除上面残余的面渣，然后干燥保存。

蛋糕模子　直径大约在18~21cm之间，高度各有不同。制作芝士蛋糕可以使用铝、铁、塑料材质的模子。有些制品的侧面和底面可以分离，这样就不用费劲儿把蛋糕从模具中抠出，而只要打开环状的侧面即可。

冷却架　用于冷却制作好的曲奇、馅饼和松饼，这样有助于保留点心的香气。烤制的点心放在有底的容器中易变冷，但会受潮变软。从烤箱中取出后就应该放在冷却架上，完全冷却后再放入碗内。圆形的冷却架适合用于冷却蛋糕。

熟悉烘焙基本流程和术语

面粉过筛

在面粉等材料使用之前先使用筛子过筛，这个过程非常重要，可以筛出混在粉中的杂质，并且使面粉粒之间进入空气，便于与其他材料混合。另外，随着面粉中空气增多，就不必担心面粉会结团，和面的质感也会更加柔软。鸡蛋的蛋白质也是靠空气发泡，所以让面团保存在尽可能多的空气下是非常重要的。

鸡蛋隔水加热，打出泡沫

用打蛋器把鸡蛋打出泡沫之后放入糖，在温热的状态下就更容易出泡，想做出有一定硬度的泡沫可以在 50℃的热水中隔水加热。隔水加热过程能很快提高温度，这种工艺也用于溶化巧克力。

搅拌奶油

使用打蛋器和手提式搅拌机可以把奶油打得松软，奶油溶化的同时有空气进入，形成类似蛋黄酱的质感。制作磅蛋糕和曲奇时需要搅拌奶油。为了让奶油松软，应该在使用前就在室温中放置 1 小时，冬天或者寒冷时则需要隔水加热。看到奶油颜色变白，空气进入丰富，发泡后有质感，就大功告成了。

调节手提式搅拌机的速度

使用搅拌机打鸡蛋、奶油时并非越快越好。快速打泡时泡沫的粒子不一致而且粗糙，烤制的品相就会出褶皱或变得粗糙。建议一开始先用快速，然后再用慢速多打 2~3 分钟，可以使粒子更加细小。

我将打鸡蛋、过筛面粉等烘焙基本过程和术语做了简单易懂的整理。
首先熟悉一下，再在烘焙过程中加深认识吧。

混合奶油和鸡蛋

奶油和鸡蛋混合时就像是水和油一样不易相溶，这个过程需要格外用心。奶油呈油状，而鸡蛋泡沫更像是水。好在鸡蛋中也有卵磷脂，这种物质会帮助混合过程更加容易。混合奶油和鸡蛋时不要一股脑地倒在一起，这样卵磷脂无法发挥作用，奶油和鸡蛋就会相互分离。应该分几次，逐步倒入少量鸡蛋搅拌，使二者完全地混合。

鸡蛋和面粉快速混合

打好的鸡蛋和过筛的面粉混合时的要领就是要快。用勺子从容器底部大范围地划圈搅拌，另一只手抓住碗的边缘向相反方向旋转，不时地用勺子边缘感觉面粉质感的变化。

立起勺子刀切法搅拌

冷的奶油与面粉混合时可以将勺子和铲子立起来，像用刀切东西一样的手法进行搅拌。这样的好处是避免和出来的面过硬，并且省力。

● 蛋糕和面的两种方法 ●

蛋糕的和面方法与鸡蛋打泡的工艺有直接关系，可以分为两种。鸡蛋打泡的差异就在于是否分离蛋黄和蛋清。制作海绵蛋糕多使用蛋黄蛋清混合打法，可以使蛋糕气孔致密。另一种方法把蛋黄和蛋清先分离，各自打好后再混合到一起，这个过程看似有点繁琐，但容易出泡沫，对于初学者易于掌握。想要制作松软口感的蛋糕卷或者有点滋润嫩爽的抹茶蛋糕时，就可以使用分离打法。

和面发酵

面包和馅饼和面时需要在一定温度下放置发酵一段时间，这样可以获得更好的口味和质感。一般的发酵温度是 27~35℃。有的烤箱带有发酵功能，用起来很方便。如果烤箱没有发酵功能，可以以最低温度预热之后，放入面饼发酵。用高温预热只需要 1 分钟，留下的热量足够发酵使用了。用手指摁一下面饼，如果压下去能弹回来就说明发酵完成。

揉团

将和好的面轻轻地握在手中，反复推压揉搓成圆球状，使面团的表面光滑。揉团时将面团向同一方向旋转，这样做不仅可以让面团表面光滑成型，而且还可以排出面团发酵产生的二氧化碳。

醒面

和面的中间阶段用塑料棉布覆盖，放置少许时间。醒面可以让面粉和酵母、水分充分地结合，获得更好的发酵效果。根据和面的种类可以选择室温醒面或冷藏醒面。

在模具中排气

面团充分发酵后，将面团放入模具，这时空气很容易进入面团，这样烤制会使面点表面粗糙起皱，所以在放入烤炉之前一定要排气。把面团向容器底面均匀地下压，如此动作反复做 2~3 次，可以排出空气。

包馅

是指在面包、蛋糕、甜点中加入各种馅料。可以加入奶油和黄油，也可以添加坚果、水果等熬制的糖浆。

表面装饰

进入烤箱之前放上巧克力、坚果、水果等用来装饰，也可以用奶油、酱汁等洒在面团上。

刷酱

为了保持曲奇、面包、蛋糕的形状并使之看起来有光泽，可以在面点上面刷一些酱汁。放入烤箱之前，用刷子刷在面团上，主要使用的酱汁包括糖浆、果酱、鸡蛋液、咖啡等，这些调料都可以在市场上直接买到。

霜饰

将糖分、色素与水混合制成霜糖，在蛋糕等面点上发挥装饰作用。霜饰大多用于制作霜糖曲奇，还有在装饰奶油蛋糕和杯糕时使用。

● 美味馅饼的和面秘诀 ●

馅饼制作的关键就是烤出松脆的表层。所以要多花心思在和面时加入未溶化的黄油，这样能保证质感。

1 和面前所有的材料放进冰箱，使之变凉。
2 面粉和黄油搅拌时，铲子要竖起来像刀切一样搅拌。只有黄油和面粉完全融合才能做出松脆的边。
3 不要用手长时间按压面团，手的温度会使黄油溶化，面就会变硬。
4 在黄油未化状态下揉制一个面团，放入冰箱醒面 1 小时。
5 面填进模具后再放入冰箱醒面 30 分钟以上，这样能避免馅饼口感过硬。
6 放入模具后要用叉子在面饼上扎气孔，避免底部拱起。

Easy Baking
Lesson 4

常用的烘焙技巧

打奶油

奶油的用处极多，作为蛋糕填充的馅料时需要打得软而细腻，当作为蛋糕装饰时则需要打得厚实。泡沫太小像水一样也成问题，但泡沫太过蓬松则会影响味道和品相。所以要拿捏得正好，奶油泡沫又可以叫做淡奶油。

用料　奶油 100g，白糖 10g

1	2	3	4
将冷的奶油放入碗中，奶油使用前 30 分钟放入冷冻室。	奶油放入碗中使用搅拌机最快速搅拌，这时会发现奶油出现泡沫，颜色变淡。	随着泡沫越来越多可以加入糖，继续用搅拌机搅拌。注意搅拌机不要来回移动位置，这样不利于泡沫产生。	泡沫丰富，显现出光泽时，用搅拌机快速搅拌。

● 不同程度泡沫的用处 ●

60% 的淡奶油 蘸一下可以看到奶油很容易滴落。
▶主要用于与奶油奶酪等搅拌做成填充的馅料。

70% 的淡奶油 奶油稍微有强度，底部还能滴落。
▶适合涂抹奶油蛋糕的表层，或作为蛋糕卷的填充料。

80% 的淡奶油 奶油有质感，可以立住造型。
▶适合与卡仕达酱等搅拌。

5

最后用低速搅拌 1 分钟，使奶油泡沫均匀。

打奶油，制作蛋白糖霜是烘焙中常用的工艺。这是决定曲奇、蛋糕口味的基本要领，
一定要熟悉、掌握! 请按照照片所示，循序渐进地学习。

制作蛋白糖霜（Meringue）

蛋白糖霜是蛋清和糖充分混合搅拌而成的泡沫。在制作霜糖曲奇和点心霜饰时使用。蛋白糖霜也能
加入到面团中，带来更丰富的口感。蛋白糖霜大致分为三种：蛋清放凉后加入少许糖制成的冷糖霜，
蛋清加热制成的加温糖霜，还有用糖浆替代白糖制成意式糖霜。烘焙中主要使用冷糖霜，下面介绍
其制作方法。

用料　蛋清 2 个，白糖 100g

糖一次全部放入的
话会影响泡沫的产
生，会浪费更多时
间，所以糖应分 3
次以上加入。

1 在洗干净的碗中放入
蛋白。

2 搅拌机快速旋转将蛋清
打出泡沫。

3 泡沫变白而有硬度时，
放入 1/3 的糖，搅拌 1
分钟。

4 隔一分钟再加入白糖。

5 当泡沫有一定硬度后，
转为低速搅拌 1~2 分钟，
使泡沫细腻均匀。

6 用搅拌机挑起泡沫，看
到底部有一定力度并能
拉出"尾巴"即可。

Tip

制作糖霜的碗中切
不能有任何油或杂
质，使用干净的容
器，想要制作有硬
度且细致的糖霜可
以放入少许果酸或
柠檬汁。

喷嘴的使用方法

喷嘴是制作曲奇、杯糕、蛋糕时很有用处的工具，比如将面糊注入模具，在烤盘中做出造型，或是在蛋糕、杯糕上用奶油装饰时都能发挥作用。无论放入什么材料，喷嘴的使用方法都大致一样，可以根据点心种类灵活使用。

根据喷嘴的大小在袋子上剪一个开口。

将喷嘴塞入刚好卡住。

将做漏斗的袋子口外翻开来。

如果手抓不过来的话，可以用大的杯子放置漏斗。

一手抓住漏斗，另一手用铲子将面糊填入。

用刮刀把填入的面糊赶到喷嘴一侧。

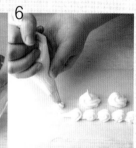

把入口处系紧，一手抓住，另一手挤压面糊。

● 用硫酸纸制作喷嘴 ●

将硫酸纸制作成一次性的喷嘴，可以在曲奇、蛋糕、巧克力上写字并制作装饰。

 →  →  →

硫酸纸平放剪成三角形。

抓住一侧旋转，做成漏斗的样子。

将底部多余的纸向内折叠，以使之不会变形。

用剪刀剪出开口。

使烘焙更简单的烤箱使用方法

花费时间和精力做好的面饼在放入烤箱前要格外注意！请了解正确的烤箱使用方法再开始。能够正确地使用烤箱烤制，这是创造美味面包和曲奇的关键技巧。

预热最重要

烤制前一大准备工作就是预热。烤箱并非调到180℃这一档，就能按照180℃烤制。一般的烤箱是会超过180摄氏度，然后逐渐降温到指定温度。所以如果不预热，直接烤制就很容易烤糊，切记烤制之前需要预热。

烤制过程中不要打开烤箱门

过程中开门会直接使烤箱内温度和湿度瞬间降低，损失了水分烤出的东西一定很硬，品相也不好看。我们想要知道烤制的情况，是通过烤箱的窗户观察点心颜色的变化，切勿开门检查。

掌握烤箱的特点

有些烤箱的加热原理不同，因此不同机种的烤制成品会有差异。所以只有了解自己烤箱的特点才能烤出自己满意的味道。如果底部火力较强，可以放在上一层烤制；相反，顶部火力强的时候，可以在面点上覆上锡纸，防止烤糊。

烤箱和面包·点心的融合

烤箱大致分为两种，即柜式烤箱和对流烤箱。前者主要是靠顶部和底部进行加热，而对流烤箱通过发热元件加热空气，能使烤制更加均匀。对流烤箱适合烤水分较少的曲奇、面包、饼干等，而柜式烤箱主要用来烤蛋糕。使用对流烤箱烤蛋糕时，可以将对流功能关闭，或者用锡纸将面团包裹烤制，这样能避免表面烤得太干。

Part 1 曲奇 & 松饼

cookie

scone

香甜的巧克力曲奇，小巧精致的霜糖曲奇，清淡的松饼……
现在这些都能在家制作。做出美味而且精美的点心，不仅可以自己食用，还能作为礼物送人。
用心地包装一下，给亲朋好友展示自己的手艺吧！

曲奇的基础制作

曲奇想要做得好吃，关键在于和面要在"冷的状态"下进行，这与蛋糕和面包的制作不同。基本技巧掌握后，制作就可以万无一失。

用料（制作 10 个）

低筋粉	130g
糖	35g
盐	1g
黄油	60g
蛋黄	1 个
牛奶	1 小匙

准备工作

1 将奶油和鸡蛋在制作前 1 小时就放置于室温中。
2 低筋粉提前过筛。
3 在烤箱烤盘上铺好硫酸纸。
4 烤箱预热为 180℃。

1	2	3

溶化黄油	**搅拌糖**	**加入蛋黄**
将黄油放于碗中，使用打蛋器打至白色、柔软的膏状。如果黄油不易溶化则可以隔水加热。	当黄油发白，体积膨胀时加入糖快速搅拌 2 分钟。这样在黄油中打入气泡，可以使曲奇外松里软。	白色气泡充足后加入蛋黄，分 3 次加入搅拌。一次全放进去不利于与奶油融合，所以加入蛋黄打得发白后再加入 1 次，反复这个过程直至蛋黄和奶油完全融合。

● 制作不同外形的曲奇 ●

勺子造型

用勺子将面团盛出放在烤盘上烤制。主要用来做巧克力和燕麦曲奇。

曲奇模具

将面团擀平后，使用模具扣压的方法。这一类的代表就是霜糖曲奇和姜味人形曲奇。这类曲奇和面时水分较少才能保持造型，所以材料几乎只用到面粉、糖和黄油。

喷嘴造型

用喷嘴在烤盘上挤出面糊，造型后烤制。奶油曲奇是这一类的代表。

用刀切片

把面团揉成圆柱形等外形，包上硫酸纸放入冷冻室，变硬之后用刀切片后烤制。这一类包括红茶曲奇，巧克力曲奇等。可以和好一次面放入冷冻室，想吃的时候，就取出切片烤着吃。

4

和面

抓住碗的边缘，用铲子搅拌，直至看不到生粉和面筋为止。

5

醒面

揉成面团，包上保鲜膜在冰箱中醒面 30 分钟。

6

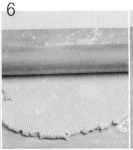

擀面

醒好的面二等分，擀 30秒后撒一些面粉，最后擀成 1cm 厚。

7

造型 烤制

用模具造型，放入烤箱，以 170℃烤 15 分钟。

Tip 曲奇有的放白糖，有的放糖粉。使用糖粉相较于白糖能更好地保持曲奇的形状，例如巧克力碎曲奇就是放白糖，而霜糖曲奇需要保持形状，就应该放糖粉。

巧克力碎曲奇

巧克力碎曲奇满满地放在盘子里，香甜的气息让人垂涎欲滴。
保持酥饼柔软的口感，关键在于红糖的使用。

用料（制作 10 个酥饼的分量）

中筋粉	120g
泡打粉	1g
苏打粉	1g
盐	2g
糖	40g
红糖	70g
奶油	71g
蛋黄	半个
香草香精	半小匙
巧克力碎	100g
巧克力	42g

表面装饰

巧克力碎	适量

准备工作

1 将奶油和鸡蛋在制作前 1 小
 时就放置于室温中。
2 将巧克力敲碎。
3 中筋粉、泡打粉、苏打粉过筛。
4 烤箱以 180℃预热。

1 混合搅拌奶油·盐·糖 奶
油用打蛋器搅拌成膏状，
再放入盐、红糖和白糖，
搅拌至浅褐色即可。

2 加入香精·搅拌蛋黄 在
完成的①中放入香精，
之后将蛋黄分 3 次加入，
均匀搅拌。

3 加入粉状原料 在②的基
础上放入过筛的各种粉
状原料，均匀搅拌。

4 放入巧克力·巧克力碎
放入巧克力和巧克力碎，
用铲子轻轻搅拌，直至
铲子上的生面粉完全融
合。

5 放入烤箱 用勺子将面团
放入烤盘，保持一定间
距，避免黏在一起。

6 烤箱烤制 在面团表面再
放上一些巧克力碎，用
180℃烤 10~15 分钟。

 也可以将核桃捣碎放在面团上，制造出浓郁的香味。

霜糖曲奇

选择喜欢的模具制造多种形状的曲奇。
使用纯天然色素增添色彩和花纹装饰，独一无二
的曲奇由此诞生。

用料（制作 12 块）

低筋粉	130g
糖粉	40g
盐	1g
奶油	60g
蛋黄	1 个
牛奶	1 小匙

霜糖

蛋清	1 个
糖粉	140~150g
柠檬汁	1 小匙
天然色素	适量

准备工作

1 将奶油和鸡蛋在制作前
　1 小时就放置于室温中。
2 低筋粉过筛。
3 烤箱以 170℃ 预热。

1 **混合搅拌奶油·盐·糖粉** 奶油用打蛋器搅拌成膏状，再放入糖粉、盐，搅拌白色即可。

2 **加入蛋黄搅拌** 在完成的①中放入蛋黄，分 3 次加入，均匀搅拌。

3 **低筋粉·牛奶混合揉团** 在②的基础上用铲子轻轻地搅拌，倒入牛奶搅拌至看不见生面粉为止，将面揉成圆团。

4 **醒面** 将面团压扁平状后用保鲜纸包裹，放入冰箱醒面 30 分钟。

5 **用擀面杖擀制** 醒好的面团撒上面粉，用擀面杖擀制成厚度 1cm 的面饼。

6 **造型** 使用模具将薄面饼扣出各种形状。

7 **烤制** 小心地将曲奇放入烤箱，每个曲奇之间留有间隔，以 170℃烤制 15 分钟。曲奇的顶部变为淡褐色时取出，置于冷却架上放凉。

8 **制作霜糖** 使用打蛋器均匀搅拌蛋清和糖粉，后加入柠檬汁。可以根据喜好添加色素。

9 **霜饰** 用硫酸纸制成一次性喷嘴，在烤制好的曲奇上绘制图案。

擀面饼时不必放入很多面粉，避免曲奇口感过硬。
擀面时面饼的底面铺上硅胶纸或塑料纸可以使面点做工显得更加精细。

奶油曲奇

工艺极简的曲奇，在家里可以制作出比市面成品更浓郁的口味，带给你无限惊喜。

用料（制作 18~20 个）

低筋粉 ——————— 100g
盐 ——————————— 1g
糖 ——————————— 50g
奶油 ——————————— 70g
蛋黄 ——————————— 半个
香精油 ——————————— 半小匙

准备工作

1 将奶油和鸡蛋在制作前
　1 小时就放置于室温中。
2 低筋粉过筛。
3 将漏斗喷嘴做出特制的
　开口。
4 烤箱以 180℃预热。

1 混合搅拌奶油·盐·糖
奶油用打蛋器搅拌成膏
状，再放入盐和白糖，
搅拌至白色即可。

2 加入香精油·搅拌蛋黄
在完成的①中放入香精
油，之后将蛋黄分 3 次
加入，均匀搅拌。

3 加入低筋粉搅拌 在②的
基础上放入过筛的低筋
粉，均匀搅拌至看不到
生面粉即可。

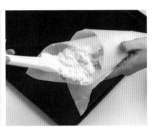

4 放入喷嘴 将面团填入漏
斗喷嘴中。

5 在烤盘上造型 用手挤压
喷嘴，在烤盘上做出环
状的曲奇。

6 烤制 以 180℃烤制 10~
12 分钟即可。

面粉要搅拌到看不见生面粉的程度即可，搅拌得过量会使面筋过多，
烤制之后口感太硬。

蔓越莓曲奇

酸甜的蔓越莓和清淡的燕麦，二者可谓天作之合。
味道和营养并具，是老少咸宜的健康甜点。

用料（制作 10 个）

中筋粉	50g
全麦面粉	13g
燕麦	55g
泡打粉	2g
桂皮粉	1g
盐	1g
糖	30g
红糖	55g
奶油	57g
鸡蛋	半个
香精油	5 滴
蔓越莓	50g

准备工作

1 将奶油和鸡蛋在制作前 1 小时就放置于室温中。
2 中筋粉、全麦面粉、泡打粉、桂皮粉过筛。
3 烤箱以 180℃预热。

1 混合搅拌奶油·盐·糖 奶油用打蛋器搅拌成膏状，再放入盐、白糖和红糖，搅拌至褐色即可。

2 加入香精油·搅拌蛋黄 在完成的①中放入香精油，之后将蛋黄分 3 次加入，均匀搅拌。

3 在面粉材料加入燕麦·蔓越莓搅拌 在②的基础上放入燕麦和蔓越莓，均匀搅拌至看不到生面粉即可。

4 放上烤盘 用勺子将和好的面团放在烤盘上，面团之间保留一定的间隔。

5 烤箱烤制 用 180℃烤制 10~15 分钟，曲奇边缘变成褐色就可以拿出了。

 可以用葡萄干代替蔓越莓，别有风味。

姜饼人

姜的香味，人的形状，这种曲奇格外脆爽。
和孩子们一起制作，添加丰富的霜饰吧。

用料（制作 10~15 个）

低筋粉	120g
泡打粉	1/4 小匙
姜粉	3g
肉豆蔻粉	1g
糖	40g
奶油	60g
蛋黄	1 个
橙味香精	1 滴

霜糖

蛋清	1 个
糖分	140~150g
柠檬汁	1 小匙
天然色素	适量

准备工作

1 将奶油和鸡蛋在制作前 1
 小时就放置于室温中。
2 低筋粉、泡打粉、姜粉和
 肉豆蔻粉过筛。
3 烤箱以 170℃预热。

1 **混合搅拌奶油·糖** 奶油用打蛋器搅拌成膏状，再放入白糖和橙味香精，充分搅拌为白色即可。

2 **搅拌蛋黄** 在完成的①中将蛋黄分两次加入，均匀搅拌。主要要打出泡沫，不要让奶油和蛋黄出现不相融的情况。

3 **加入面粉用料** 在②的基础上放入各种粉状用料，轻度搅拌至均匀。

4 **醒面** 撒少许面粉后放入保鲜纸，在冰箱中醒面30分钟。

5 **擀面** 将醒好的面分为两份，用手轻轻揉搓30秒，之后撒少许面粉用擀面杖擀至1cm。

6 **造型后烤制** 用模具做出形状，放入烤箱以170℃烤15分钟，当曲奇上表面变为淡淡的褐色时可以取出。

7 **制作霜糖** 使用打蛋器均匀搅拌蛋清和糖粉，后加入柠檬汁。可以根据喜好添加色素。

8 **霜饰** 用硫酸纸制成一次性喷嘴，在烤制好的曲奇上绘制图案。

 可以购买专用的霜糖装饰笔，使用软管绘制图案更为容易。

巧克力曲奇

杏仁片嵌入黑色的巧克力曲奇，品相令人喜爱。和面时注意均匀，避免杏仁片掉落。

用料（制作 20 个）

低筋粉	120g
可可粉	8g
泡打粉	1g
黄糖	50g
奶油	70g
蛋黄	1 个
橙味香精	3 滴
杏仁片	50g

准备工作

1 将奶油和鸡蛋在制作前 1 小时就放置于室温中。
2 低筋粉，可可粉和泡打粉过筛。
3 烤箱以 170℃预热。

1 **混合搅拌奶油·糖** 奶油用打蛋器搅拌成膏状，再放入黄糖和橙味香精，充分搅拌至白色即可。

2 **加入蛋黄搅拌** 在完成的①中将蛋黄分两次加入，均匀搅拌。打出泡沫，不要留下未溶解的糖粒儿。

3 **加入面粉用料** 在②的基础上放入各种粉状用料，轻度搅拌至均匀。

4 **放入杏仁片** 加入切好的杏仁片，用铲子继续搅拌至看不到生面粉为止。

5 **制成圆柱型** 在面板上撒上面粉，做成直径 4cm 的圆柱形。然后用硫酸纸包裹起来。

6 **凝固** 将面团放入冰箱 1 小时，使之凝固。

7 **烤制** 将圆柱形的面团切成 7mm 厚的小饼，烤箱 170℃烤 15~20 分钟即可。

 建议准备无糖的纯可可粉。

红茶全麦曲奇

口味清淡，适合下午茶的曲奇，宜人的红茶香气
可以搭配咖啡一起食用。

用料（制作 25 个）

低筋粉	70g
全麦面粉	30g
杏仁粉	20g
红茶粉	2g
盐	1g
糖粉	40g
奶油	65g
牛奶	1 大勺

准备工作

1 将奶油和鸡蛋在制作前
  1 小时就放置于室温中。
2 低筋粉、全麦面粉、杏
  仁粉、红茶粉过筛。
3 烤箱以 170℃预热。

1 **混合搅拌奶油·盐·糖粉·牛奶** 奶油用打蛋器搅拌成膏状，再放入糖粉、盐和牛奶，充分搅拌为白色。

2 **搅拌粉状原料** 在完成的①中将晒过的粉状原料进行搅拌，直至看不到生面粉。

3 **揉制面团** 用手和面，摁压搓揉成面团。

4 **造型** 在面板上铺上硫酸纸，放上和好的面，把面团制造成正方形。

5 **凝固面团** 用硫酸纸包裹面团之后，两侧也要封好，放入冰箱冷冻室30分钟到1小时，使之凝固。

6 **切片** 将凝固的面团切成7mm厚的小片。

7 **烤制** 整齐地放入烤箱，烤15~20分钟。

 全麦面粉有特殊的香味，而质感并不细腻，若要吃更软的就可以把全麦面粉替换为中筋粉。

杏仁曲奇

这是一种摆在哪里都受人欢迎的曲奇，散发着杏仁的香气。
杏仁切片色味俱佳，勾起你的咀嚼欲望。

用料（制作 12 个）

低筋粉	90g
杏仁粉	25g
泡打粉	0.6g
苏打粉	1.2g
糖	30g
糖粉	20g
奶油	50g
牛奶	2 大勺
杏仁切片	20g

表面装饰

杏仁切片	适量

准备工作

1 奶油在制作前 1 小时就放置于室温中。
2 低筋粉、杏仁粉、泡打粉、苏打粉提前过筛。
3 烤箱以 180℃预热。

1 **混合搅拌奶油·糖粉·牛奶** 奶油用打蛋器搅拌成膏状，再放入白糖、糖粉和牛奶，充分搅拌成白色。

2 **搅拌粉状材料·杏仁** 在完成的①中加入过筛的粉状用料和杏仁片，搅拌至铲子上没有生面粉为止。

3 **揉制面团** 用手和面，摁压搓揉成面团。

4 **造型** 将面团分成 15g 的小块，捏成扁圆形。

5 **放入烤盘** 将面团放在烤盘上用手压平整。

6 **烤制** 每个面团上再添加 1 片杏仁片，用 180℃烤 15 分钟。

没有现成的杏仁片的话，就买来杏仁自己切片吧。

小厚酥饼

这是一种充溢着奶油香气的法式点心。
比起一般的曲奇更为厚实,需要更多时间才能烤熟。

用料（制作 6~8 个）

低筋粉	100g
糖粉	60g
香草豆	1/3 个
奶油	100g
蛋黄	1 个
牛奶	2 大勺

酱汁

蛋黄	1 个
速溶咖啡	1g

准备工作
1 将奶油和鸡蛋在制作前
　 1 小时就放置于室温中。
2 低筋粉过筛。
3 蛋黄和咖啡混合后制作
　 酱汁。
4 烤箱以 170℃预热。

1 **用料搅拌** 奶油用打蛋器搅拌成膏状，再放入香草豆、糖粉，充分搅拌成白色。然后将蛋黄分两次加入继续搅拌。

2 **加入牛奶** 在完成的①中慢慢地加入牛奶，搅拌使之完全融合。

3 **搅拌低筋粉** 在②的基础上放入筛过的低筋粉，轻度搅拌至均匀，直至铲子上看不到生面粉，做成面团。

4 **醒面** 和好的面放在保鲜纸中，用力压实、压扁后放入冰箱中醒面 1 小时。

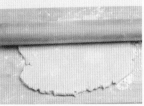

5 **用擀面杖擀制** 醒好的面团撒上面粉，用擀面杖擀制成厚度 1cm 的面饼。

6 **造型** 使用模具压抠出直径 6cm 的面饼。

7 **放入模具** 将上一步骤中做好的面饼放入酥饼模具，没有缝隙就可以放上烤盘了。

8 **涂抹酱汁** 在面饼上面均匀地涂抹备好的酱汁。

9 **烤制** 用叉子在酥饼表面压出花纹，使用 170℃ 烤制 15 分钟。看到面饼烤的蓬松，表皮呈淡黄色即可取出。

 烤到淡黄色即可取出，放在冷却架上 30 分钟，酥饼需要充分地冷却。

雪球

像白雪团成的雪球，惹人喜爱。
糖粉的甜味，香草的气息，组合制成高级享受的佳品。

用料（制作 15~18 个）

低筋粉	90g
米粉	30g
杏仁粉	40g
糖粉	45g
奶油	100g
牛奶	1 大勺
香草精油	5 滴
碎核桃	50g

表面装饰

糖粉	适量

准备工作

1 将奶油在制作前 1 小时就放置于室温中。
2 低筋粉、米粉、杏仁粉、糖粉提前过筛。
3 烤箱以 170℃预热。

1 **混合搅拌奶油・糖粉** 奶油用打蛋器搅拌成膏状，再放入糖粉、牛奶和香精，充分搅拌至白色。

2 **搅拌粉状材料・碎核桃** 在完成的①中加入低筋粉、米粉、杏仁粉和碎核桃，均匀搅拌，直至铲子上看不到生面粉为止。

3 **醒面** 放入塑料袋中压扁，然后在冰箱内醒面 1 小时。

4 **造型** 将面饼分成 10g 一个的小团，揉搓成小球形状。

5 **烤制** 用 170℃烤 15~20 分钟，成品大致要变凉时均匀地沾上糖粉。

 碎核桃可以用杏仁等其它坚果代替也是可以的。

Biscotti 意式脆饼

Biscotti 在意大利语中意为"烤制两次",这种曲奇经过两次炙烤获得松脆香甜的口感。
稍不留意可能烤得过火,制作之中需要特别精准地把控时间。

用料(制作 15 个)

低筋粉	100g
杏仁粉	40g
泡打粉	1/2 小匙
黄糖	70g
奶油	30g
鸡蛋	1 个
香草精油	1/4 小匙
杏仁	50g
蔓越莓	30g

准备工作

1 让奶油完全溶化成液体状。
2 低筋粉、杏仁粉、泡打粉提前过筛。
3 将杏仁在煎锅或者烤箱中稍微烤一下。
4 烤箱以 160℃预热。

1 **混合鸡蛋·糖** 用打蛋器将鸡蛋打出泡沫，放入黄糖搅拌，直至糖完全溶化。

2 **加入香草精油** 待糖完全溶化之后，放入香草精油搅拌。

3 **将粉状材料·杏仁·蔓越莓放入搅拌** 在②的基础上放入各种粉状用料，轻度搅拌至均匀。

4 **搅拌奶油** 在碗中加入奶油，用铲子搅拌成面团。

5 **烤箱烤制** 面板上撒少许面粉，将面团压成扁圆形之后，放入烤箱以160℃烤制20~25分钟。

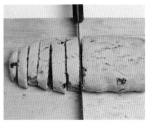

6 **切片** 等烤完冷却之后，切成1.5cm的薄片。

7 **2次烤制** 将切好的脆饼片再次放入烤盘，烤箱160℃烤10~15分钟。

Biscotti 意式脆饼经过两次烤制，去除了脆饼内的水分，所以易于保存，很适合作为礼物送人品尝。

达克瓦兹

外层松脆可口，咀嚼时口感绵软，达克瓦兹是法式甜点的代表。

柔软，香甜，特别适合作为午后茶点。

用料（制作 12 个）

低筋粉	11g
杏仁粉	39g
糖	25g
糖粉	32g
蛋清	65g

咖啡酱

速溶咖啡	15g
牛奶	50g
蛋黄	1 个
奶油	100g
糖	25g
糖粉	10g

准备工作

1 将奶油在制作前 1 小时就放置于室温中。
2 低筋粉、杏仁粉提前过筛。
3 准备喷嘴。
4 烤箱以 180℃预热。

1 **打蛋清** 用手提搅拌机用快速将蛋清打 3 分钟，打出泡沫。

2 **制作蛋白糖霜(Meringue)** 泡沫充足之后，分三次加入糖，搅拌机使用中速。泡沫有点变硬后，用搅拌机多打一下底部。

3 **搅拌粉状用料** 准备好的各种粉状用料再次过筛放入②之中。

4 **和面** 在蛋白糖霜沉淀之前快速地用铲子均匀搅拌。铲子接触面团时感到湿软，面团能粘上铲子又滑落下来，达到这种"半干不湿"的状态即可。

5 **造型** 使用硫酸纸制作的喷嘴在烤盘上挤出一个个面团，注意保留间隔。

6 **烤箱烤制** 使用筛子在面团上撒上糖粉，之后用烤箱 180 ℃ 烤制 10~12 分钟。

7 **制作咖啡酱** 用温热的牛奶冲制咖啡，放入蛋黄搅拌，加热并搅拌直至变稠。过滤一次后加入奶油，用打蛋器搅拌即可。

8 **填入咖啡酱** 将上一步骤做好的咖啡酱中填入糖和糖粉，搅拌后放入喷嘴，在两片达克瓦兹之间填入馅料。

 制作蛋白糖霜时不要一股脑放入糖，这样不容易打出泡沫，间隔 30 秒慢慢地放入糖就可以得到充足的泡沫。

面包棒

细长的意大利点心，迷迭香和橄榄油带来若隐若现的香草气息。
咬一下都能听到松脆的响声，是这种点心的魅力所在。

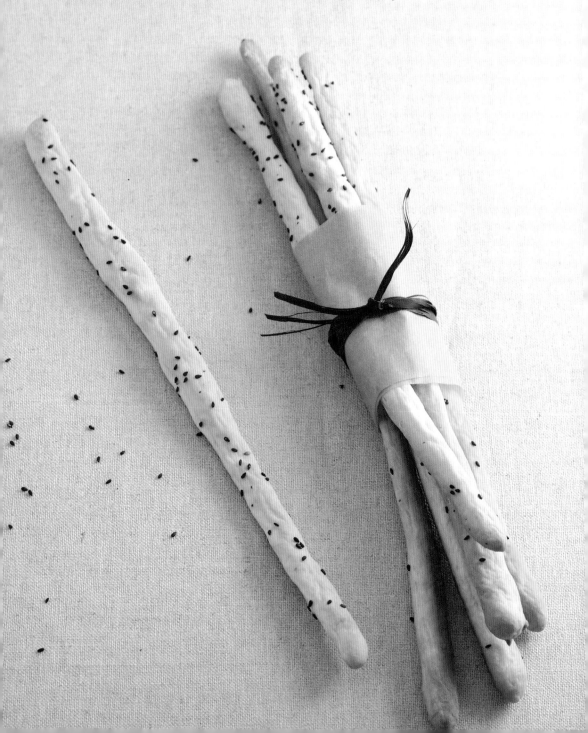

用料（制作 20 个）

高筋粉	250g
干酵母	4g
迷迭香粉	1/2 小匙
盐	5g
糖	20g
橄榄油	2 1/2 大匙
水	163ml
黑芝麻	适量

酱汁

鸡蛋	半个
牛奶	50ml

准备工作

1　高筋粉提前过筛。
2　鸡蛋和牛奶搅拌制作成酱汁待用。
3　烤箱以 200℃预热。

1　**和面**　将高筋粉、干酵母、迷迭香粉、盐、糖、水混合，搅拌至看不到生面粉为止，然后放入橄榄油，揉至外表光滑状。

2　**和面发酵，揉团**　将面放在 27℃左右的温暖的地方，放置 45 分钟进行第一次发酵。之后用刮刀将面团分成 20g 的小面团，用手揉成外表光滑的圆球。

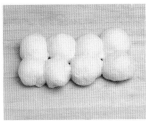

3　**醒面**　和好的面用保鲜膜、棉布覆盖，在室温中放 10 分钟。

4　**拉长为细条**　醒好的面再大致擀成长条，放置 5 分钟，再将长条手工揉成 30cm 长的细条。

5　**刷酱·撒芝麻**　将面放入烤盘刷上调制好的酱汁，并且均匀撒上黑芝麻。

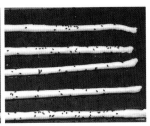

6　**烤制**　用 200℃烤 9~12 分钟即可。

　香草的使用除了迷迭香之外，还可以根据个人口味选择薰衣草、罗勒、薄荷等。

原味松饼

能够快速制成，不费时间就能享受到的美味，既可作为零食，
也能充当简单的主食。

用料（制作 7~9 个）

低筋粉 —————— 200g
泡打粉 —————— 2 小匙
盐 —————————— 2g
糖 ————————— 2 大匙
奶油 —————————— 50g
牛奶 ————— 100~120ml

准备工作

1 低筋粉、泡打粉提前过筛。
2 烤箱以 200℃预热。

1 **粉状材料混合** 将低筋粉、泡打粉、盐、糖均匀地搅拌，放入奶油，将刮刀立起来竖切搅拌。

2 **倒入牛奶搅拌** 在①中倒入牛奶，用铲子均匀搅拌，用手揉制成面团。

3 **醒面** 揉好的面制成圆形，盛在碗中用保鲜膜或面部覆盖，放入冰箱醒面 30 分钟。

4 **擀面** 面板上撒少许面粉，将醒好的面团擀成 2cm 厚的面饼。

5 **造型** 用圆形模具在面饼上摁压成圆饼，整齐地摆放在烤盘上。

6 **烤制** 用烤箱 200℃烤 12~15 分钟。

 没有酥饼模具或者曲奇模具，不妨直接手工造型！

芝士松饼

经典茶点，可以做成圆形或方形。
放入芝士，享受浓香。

用料（制作 6~8 个）

低筋粉	200g
泡打粉	1 大匙
盐	2g
奶油	50g
牛奶	100~120ml
切达奶酪	50g

准备工作

1 低筋粉、泡打粉提前过筛。
2 奶油放入冰箱让质感稍微
　结实点。
3 切达奶酪切成变成 1cm
　的方块。
4 烤箱以 200℃预热。

1 **粉状材料混合** 将低筋粉、泡打粉、盐、糖均匀地搅拌，放入奶油，将刮刀立起来竖切搅拌。

2 **倒入牛奶搅拌** 在①中倒入牛奶，用铲子均匀搅拌，用手揉制成面团。

3 **加入切达奶酪** 切好的切达奶酪碎放入面团，均匀揉制。

4 **醒面** 揉好的面制成圆形，盛在碗中用保鲜膜或面部覆盖，放入冰箱醒面 30 分钟。

5 **擀面** 面板上撒少许面粉，将醒好的面团擀成 2cm 厚的面饼。

6 **造型** 用刮刀把面饼切成四边形，整齐地摆放在烤盘上。

7 **烤制** 用烤箱200℃烤12~15分钟。

 在烤箱里烤时，观察松饼的颜色变成金黄色时即可取出。

蔓越莓全麦松饼

酸甜的蔓越莓和浓郁的全麦面完美结合。
充足地用料，轻柔地和面能够带来好口感。

用料（制作 10 个）

低筋粉	140g
全麦面粉	60g
泡打粉	2 小匙
盐	2g
黄糖	2 大匙
奶油	50g
牛奶	120ml
蔓越莓	50g

准备工作

1　低筋粉、全麦面粉、泡
　　打粉提前过筛。
2　奶油放入冰箱让质感稍
　　微结实点。
3　烤箱以 200℃预热。

1 **粉状材料混合** 将低筋粉、泡打粉、盐、黄糖均匀地搅拌，放入奶油，将刮刀立起来竖切搅拌。

2 **搅拌牛奶** 在①倒入牛奶用铲子均匀搅拌。

3 **放入蔓越莓** 在②放入蔓越莓搅拌，用手揉至看不见生面粉为止。

4 **醒面** 揉好的面制成圆形，盛在碗中用保鲜膜或面部覆盖，放入冰箱醒面30分钟。

5 **擀面** 面板上撒少许面粉，将醒好的面团擀成2cm厚的面饼。

6 **造型** 用刮刀把面饼切成三角形，整齐地摆放在烤盘上。

7 **烤制** 用烤箱200℃烤12~15分钟。

 用果酱、黄油蘸食，味道更佳。

磅蛋糕和杯糕口感滋润嫩爽，不仅可以添加巧克力和坚果，还能够放入水果和蔬菜，获得更多美味的体验。由于这类蛋糕和面容易，不需要发酵，每个人都可以轻松地接受挑战！

磅蛋糕的基础制作

制作柔软的磅蛋糕关键在于将奶油、糖和鸡蛋打出充足的泡沫。
刚出炉的磅蛋糕好吃，放上一天会变更湿软，味道更浓郁。

用料（制作尺寸为 17*7*
6.5cm 的磅蛋糕 1 个）

低筋粉	120g
泡打粉	1/2 小匙
糖	100g
奶油	100g
鸡蛋	2 个
香草豆	1/4 个

准备工作

1 将奶油和鸡蛋在制作前 1
　小时就放置于室温中。
2 低筋粉、泡打粉提前过筛。
3 在磅蛋糕模具中铺好大小
　适合的硫酸纸。
4 烤箱以 180℃预热。

奶油软化

将软奶油放入碗中，用
打蛋器使劲下压，打至
溶化。如果奶油温度低
无法溶化，可以先在温
水中过一下。

加糖搅拌

在溶化后体积变大的奶
油中，加入糖搅拌，直
至出现充足的气泡。

加入鸡蛋

鸡蛋分 3 次倒入，一定
等鸡蛋和奶油充分融合
变为白色时，才再次倒
入鸡蛋。一股脑儿把鸡
蛋倒进去，鸡蛋和奶油
无法融合。这个环节的
要点是速度要慢。

4

放入香草豆

将香草豆从中间切开，剥出种子放入。如果没有香草豆可以用香草香精，放 1/2 小匙即可。

5

低筋粉·泡打粉搅拌

放入过筛的低筋粉和泡打粉，从下至上划圈搅拌。这时用铲子边缘快速搅拌可以保留更多气泡，空气进入得丰富才能制造出柔软的口感。

6

放入模具

模具中铺上硫酸纸，和好的面填满模具的 70%，用铲子将上表面收拾平整。

7

排气

在模具中将面团向底部按压，再揉压两次，排出空气。

8

烤箱烤制

用预热 180℃的烤箱烤制 10 分钟。

9

切口

当磅蛋糕表面呈淡黄色时从烤箱中取出，在蛋糕中间切出 5mm 深的口。

10

再次放入烤箱

切口后的蛋糕继续放入烤箱烤 35 分钟。

Tip 磅蛋糕最好用中温长时间地烤制，需要注意的是，若中间经常打开烤箱门的话，蛋糕面糊会沉淀。所以，随时观察烤箱内蛋糕的颜色，如果颜色很重，就用另一个模具盖住磅蛋糕的表面继续烤。

考完后需要充分地冷却，之后放入塑料袋中保存。水分进入磅蛋糕里面的话，口感会更加滋润嫩爽。

杯糕的基础制作

杯糕可以和各种饮料配搭，即作零食，又能充饥。
和面简单，无需发酵，谁都可以试着做做。

用料（制作 4~5 个）

低筋粉	105g
泡打粉	1 小匙
糖	55g
植物油	45g
鸡蛋	1 个
牛奶	50ml
香草豆	1/4 个

准备工作

1 低筋粉、泡打粉提前过筛。
2 烤箱以 190℃预热。

香草豆是用香草的果实发酵后制成的天然调料品，有极好的香气。如果没有香草豆可以使用香草精油和香草香精等加工产品。

1

粉状材料·糖搅拌
过筛的粉状材料和糖放在一起，均匀搅拌。

2

加入鸡蛋·牛奶
用打蛋器将鸡蛋打出泡沫后加入牛奶均匀搅拌。

3

放入香草豆·植物油
在②中加入香草豆和植物油继续搅拌。

● 在磅蛋糕模具中铺硫酸纸的方法 ●

按照模具的底面和侧面裁剪硫酸纸。

在模具中放入硫酸纸，包住底面和四个侧面。

将硫酸纸折叠的部分收拾平整。

剪掉超出模具的多余部分。

● 材质和形状多种多样的模具 ●

杯糕的模具可谓各式各样，从材质上看有铁、硅胶、纸、硫酸纸等。有单个加工的模具，也有一次烤制 6~24 个的模具。星形和心形的模具能烤制出有趣的形状，铁制和硅胶模具中也要套用硫酸纸杯，硫酸纸杯的样子和颜色都可以按喜好"私人定制"。

4

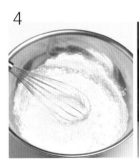

和面
把①的粉状材料放入③中，搅拌出泡沫。

5

填入模具
将和好的面糊注入模具，注入模具容量的80%即可。

6

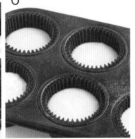

烤箱烤制
用烤箱180℃烤制25分钟。

Tip

杯糕需要用泡打粉和苏打粉发酵。注意，和好的面如若不立刻烤制的话，发酵效果会减弱，烤出形状就较为扁平。

巧克力磅蛋糕

有与普通巧克力蛋糕不同的口味，放入巧克力碎味道更佳。

用料（制作 17*7cm 1 个）

低筋粉————————100g
可可粉—————————20g
泡打粉———————1 小匙
黄糖————————100g
奶油————————100g
鸡蛋——————————2 个
核桃碎————————50g
葡萄干————————50g
巧克力碎——————25g

准备工作

1 将奶油和鸡蛋在制作前
  1 小时就放置于室温中。
2 低筋粉、可可粉、泡打
  粉提前过筛。
3 在磅蛋糕模具中铺好硫
  酸纸。
4 烤箱以 180℃预热。

1 **奶油·黄糖搅拌** 将奶油打出泡沫，然后放入黄糖充分搅拌。

2 **搅拌鸡蛋** 在完成的①中将蛋黄分两次加入，均匀搅拌。

3 **加入粉状用料搅拌** 在②的基础上放入各种过筛的粉状用料，用铲子均匀搅拌直至看不到生面粉为止。

4 **加入葡萄干·核桃·巧克力碎** 当面糊看上去很滑时就可以放入葡萄干、核桃、巧克力碎，进行搅拌。

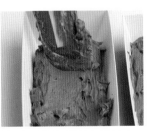

5 **放入模具** 模具中铺好硫酸纸，将和好的面注入模具，面糊填满模具的70% 即可，用铲子将上表面收拾平整。

6 **烤箱烤制** 用 180℃的烤箱烤制 35 分钟。

 可可粉放太多不利于面糊膨胀，一定要充分地搅拌，直至可可粉完全融入。

橙子磅蛋糕

放入新鲜的橙子，制成酸甜的美味蛋糕。
在烤好的蛋糕上涂抹甜橙酱，享受甜蜜一刻。

用料（制作 17*7cm 1 个）

低筋粉	160g
泡打粉	3g
盐	2g
糖	210g
溶化的奶油	60g
鸡蛋	3 个
鲜奶油	90g
香草香精	1/2 小匙
橙汁	1 大匙
橙子	1 个

甜橙酱

糖	100g
橙汁	3 大匙
水	50ml

准备工作

1 低筋粉、泡打粉提前过筛。
2 橙子取出皮上发黄的部分，剩下的部分切薄片。
3 在磅蛋糕模具中铺好硫酸纸。
4 烤箱以 180℃预热。

1 **鸡蛋·糖搅拌** 用打蛋器将鸡蛋打出泡沫，然后放入糖充分搅拌。

2 **加入粉状用料** 在①的基础上放入各种过筛的粉状用料和盐，使用手提搅拌机快速搅拌5分钟。

3 **放入橙皮** 在②中放入切下的橙皮碎、橙汁、香草香精，用搅拌机搅拌。

4 **鲜奶油搅拌** 在③中放入鲜奶油，缓缓倒入，用搅拌机搅拌。

5 **放入溶化的奶油** 往④里放入溶化的奶油，缓缓倒入，搅拌。

6 **在模具中摆放橙片** 模具中铺好硫酸纸，将切薄的橙子片整齐地码放。

7 **倒入面糊烤制** 将面糊倒入模具，以180℃烤制35分钟。

8 **制作甜橙酱** 在锅里放入所有甜橙酱所需用料，煮沸后小火熬10分钟。

9 **刷甜橙酱** 在甜橙磅蛋糕冷却之前，用刷子均匀地刷上甜橙酱。

 如果不想在模具底面放橙子片，也可以将橙子切小块放入面糊中。

西梅磅蛋糕

放入香甜的西梅，咀嚼时是一种享受。
在室温中放置一天，甜味会完全浸透。

用料（制作 9*9cm 4 个）

低筋粉————————90g
全麦面粉———————30g
泡打粉————————1 小匙
黄糖—————————100g
奶油—————————100g
鸡蛋—————————2 个
香草香精——————1/4 小匙
西梅—————————150g
碎核桃————————50g

准备工作

1 将奶油和鸡蛋在制作前
1 小时就放置于室温中。
2 低筋粉、全麦面粉、泡
打粉提前过筛。
3 烤箱以 180℃预热。

1 **奶油·糖搅拌** 用打蛋器
将奶油打松软，然后放
入糖充分搅拌。

2 **搅拌鸡蛋** 在完成的①中
将蛋黄分两次加入，均
匀搅拌。

3 **加入粉状用料搅拌** 在②
的基础上放入各种过筛
的粉状用料和核桃碎，
用铲子均匀搅拌直至看
不到生面粉为止。

4 **注入模具** 面糊填满模具
的 70%，上表面放蓝莓
作装饰。

5 **烤箱烤制** 用 170℃的烤
箱烤制 20 分钟。

 将蓝莓打碎放入面糊中烤制也是不错的方法。

绿茶磅蛋糕

口味清淡，清新的绿色令人心悦。
绿茶容易结团，和面时注意充分搅拌。

用料(制作2个迷你磅蛋糕)

低筋粉 ——————— 120g

泡打粉 ——————— 1 小匙

绿茶粉 ——————— 2 小匙

糖 ——————————— 100g

奶油 ——————————— 100g

鸡蛋 ——————————— 2 个

红豆馅 ——————— 200g

准备工作

1 将奶油和鸡蛋在制作前 1
  小时就放置于室温中。

2 低筋粉、绿茶粉、泡打粉
  提前过筛。

3 在磅蛋糕模具中铺好硫
  酸纸。

4 烤箱以 170℃预热。

1 **奶油・糖搅拌** 用打蛋器
将奶油打松软，然后放
入糖充分搅拌，打到白
色蓬松状态即可。

2 **搅拌鸡蛋** 在完成的①中
将蛋黄分两次加入，均
匀搅拌。

3 **加入粉状用料搅拌** 在②
的基础上放入各种过筛
的粉状用料，用铲子均
匀搅拌直至看不到生面
粉为止。

4 **注入模具** 将面糊用喷嘴
注入模具，注入 35% 后
再均匀地加入红豆馅。
继续注入面糊达模具容
量 50% 时再添加一次红
豆馅。

5 **烤制** 在红豆馅上继续
添加面糊，填满模具的
70%，用 170℃烤箱烤制
30~35 分钟。

 每个牌子的绿茶粉味道和香气各不相同，建议使用不加糖的 100% 纯
绿茶粉。

胡萝卜磅蛋糕

胡萝卜富含维生素 A，使这款蛋糕营养丰富。
胡萝卜不磨碎，只切成小丁，会使味道和香味更好。

用料（制作 18*15cm 1 个）

低筋粉	140g
泡打粉	1 小匙
桂皮粉	1 小匙
黄糖	100g
植物油	80g
鸡蛋	2 个
胡萝卜	1 个
核桃碎	70g
葡萄干	50g

表面装饰

奶油奶酪	100g
黄糖	3 大匙
核桃碎	适量

准备工作

1 将奶油奶酪在制作前 30 分钟就放置于室温中。

2 低筋粉、桂皮粉、泡打粉提前过筛。

3 胡萝卜切小块，在 180℃ 的烤箱中烤 5 分钟。

4 在磅蛋糕模具中铺好硫酸纸。

5 烤箱以 180℃ 预热。

1 **鸡蛋·黄糖搅拌** 用打蛋器将鸡蛋打匀，放入黄糖，稍微打出泡沫即可。

2 **加入植物油** 在打出泡沫的搅拌物中缓慢加入植物油，继续用打蛋器搅拌。

3 **加入粉状用料搅拌** 在②的基础上放入各种过筛的粉状用料，注意不要让面粉结团，所以快速搅拌，直至面团呈现出光泽为止。

4 **搅拌胡萝卜·葡萄干·核桃** 在面糊中加入以上辅料进行搅拌。

5 **放入模具** 模具中铺上硫酸纸，面糊填满模具的70%。

6 **烤箱烤制** 用180℃的烤箱烤制25~30分钟。

7 **制作奶油装饰** 使用搅拌机把奶油奶酪打松软，放入黄糖，搅拌至看不到糖粒为止。

8 **装饰** 在胡萝卜磅蛋糕完全冷却后，在表面上平涂奶油，并撒上核桃碎。

 将胡萝卜尽可能切得更碎，以使之与面糊相溶。

玛德琳蛋糕

像金黄贝壳一样的玛德琳蛋糕小巧精致，只需要有模具就能制作。
柔软的口感是咖啡或红茶的最佳配搭。

用料（制作 12 个）

低筋粉	——————	90g
泡打粉	——————	3g
盐	——————	2g
糖	——————	90g
黄油	——————	90g
鸡蛋	——————	2 个
柠檬皮	——————	1/3 个

准备工作

1 低筋粉、泡打粉提前过筛。

2 柠檬皮切下待用。

3 黄油在碗中溶化，呈金黄色后过滤。

4 在玛德琳蛋糕模具中涂抹黄油并撒上面粉。

5 烤箱以 180℃ 预热。

1 **鸡蛋·糖搅拌** 鸡蛋用打蛋器打好后放入糖搅拌。

2 **放入柠檬皮** 在①中放入柠檬皮，继续搅拌。

3 **加入粉状用料** 在②的基础上放入各种粉状用料，放盐，使用打蛋器搅拌至均匀。

4 **倒入黄油** 在面糊中倒入溶化的黄油，继续搅拌至光滑、均匀。

5 **放入模具** 将面糊注入喷嘴，注满玛德琳蛋糕模具的 70% 即可。

6 **烤箱烤制** 用烤箱 180℃ 烤制 15~20 分钟。

 在模具中每个边角都要涂抹上黄油，这样烤完后容易完整地取出。

巧克力杯糕

无论是早餐，还是下午茶，
都有它的身影。
巧克力和可可粉相得益彰，
获得浓郁香味。

用料（制作 4~5 个）

低筋粉	90g
可可粉	10g
泡打粉	1 小匙
桂皮粉	1/2 小匙
红糖	70g
黄油	60g
鸡蛋	1 个
牛奶	3 大匙
巧克力	50g

表面装饰

巧克力碎	适量

准备工作

1 黄油提前溶化待用。
2 将巧克力精细地敲碎。
3 低筋粉、可可粉、泡打粉、
　桂皮粉过筛。
4 烤箱以 180℃预热。

1 **鸡蛋·黑糖搅拌** 用打蛋器将鸡蛋打好，加入黑糖搅拌，直至打出少许泡沫。

2 **加入牛奶** 在起泡沫的鸡蛋中倒入牛奶，继续用打蛋器搅拌。

3 **倒入黄油** 缓缓地倒入溶化了的黄油，使用打蛋器搅拌，使其与牛奶相溶。

4 **粉状用料搅拌** 在③中放入过筛的粉状用料，快速搅拌防止面粉结团，搅拌直至面糊细致发亮。

5 **搅拌巧克力** 在④中添加敲碎的巧克力，用铲子均匀地搅拌。

6 **注入杯糕模具** 注入模具容量的 80% 即可，上面撒上巧克力碎。

7 **烤箱烤制** 用烤箱 180℃烤制 25 分钟。

面糊中添加巧克力时，也可以添加坚果碎。

蓝莓杯糕

蓝莓蛋糕拥有牛奶的顺滑，蓝莓的酸甜，以及自然形成的纹理。

用料（制作 4~5 个）

低筋粉	105g
泡打粉	1 小匙
糖	55g
植物油	45g
鸡蛋	1 个
牛奶	50ml
香草豆	1/4 个
蓝莓	90g

准备工作

1 低筋粉、泡打粉提前过筛。
2 烤箱以 180℃预热。

1 **粉状材料·糖 搅拌** 过筛的粉状材料和糖放在一起，均匀搅拌。

2 **加入鸡蛋·牛奶** 用打蛋器将鸡蛋打出泡沫后加入牛奶均匀搅拌。

3 **放入香草豆·植物油** 在②中加入香草豆和植物油继续搅拌。

4 **和面** 把①的粉状用料放入③中，用打蛋器搅拌。

5 **放入蓝莓** 当生面粉还有一些时，放入蓝莓继续搅拌。

6 **填入模具** 将和好的面糊注入模具，注入模具容量的 80% 即可。

7 **烤箱烤制** 用烤箱 180℃烤制 25 分钟。

 制作这款杯糕，既可以用蓝莓干，也可以用冷冻的蓝莓。蓝莓干最好先用水浸泡，使口感更好。

香蕉杯糕

味道香甜，口感滋润嫩爽的杯糕。
用熟大了外皮有点发黑的香蕉，可以使杯糕味道
更加浓郁。

用料（制作6个）

低筋粉	120g
泡打粉	1 小匙
桂皮粉	1/2 小匙
黄糖	80g
黄油	80g
鸡蛋	2 个
香草香精	1/2 小匙
香蕉	$1\frac{1}{2}$ 个
核桃	30g
杏仁切片	20g

准备工作

1 将奶油和鸡蛋在制作前
  1 小时就放置于室温中。
2 低筋粉、桂皮粉、泡打
  粉提前过筛。
3 香蕉一个完全捣碎，另
  外半个切厚片待用。
4 核桃在 180℃ 烤箱烤 5
  分钟。
5 烤箱以 180℃ 预热。

1 **粉状材料·糖搅拌** 过筛的粉状材料和黄糖放在一起，均匀搅拌。

2 **加入鸡蛋·香蕉泥** 在完成的①中将鸡蛋分两次加入，打出泡沫之后放入香蕉泥和香草香精，均匀搅拌。

3 **加入粉状用料** 在②的基础上放入各种粉状用料，轻度搅拌至均匀。

4 **加入核桃·杏仁** 核桃及杏仁片先烤一下再放入，用铲子搅拌直至看不到生面粉为止。

5 **填入模具** 将和好的面糊注入模具，注入模具容量的 75% 即可。

6 **摆上香蕉片** 在装好模具的杯糕上摆放香蕉切片作为装饰。

7 **烤箱烤制** 用烤箱 180℃ 烤制 20~25 分钟。

 表面装饰使用的香蕉要切得精细美观，这将成为杯糕的画龙点睛之笔。

制作蛋糕难么？只要了解基础步骤，每个人都能做出比较美味的蛋糕！无论是滋润嫩爽的戚风蛋糕，是入口即化的鲜奶蛋糕，还是味道浓郁的提拉米苏……都难不倒你！

海绵蛋糕的基础制作

海绵蛋糕可以说是蛋糕的基本种类，它可以做成鲜奶蛋糕的蛋糕胚。
海绵蛋糕发挥"底座"作用，增加各种装饰，创造属于自己的蛋糕吧！

用料（制作直径18cm蛋糕1个）

低筋粉	90g
糖	100g
黄油	20g
食用油	1 1/3 大匙
鸡蛋	3 个
蛋黄	1 个
香草精油	1/2 小匙

准备工作

1 低筋粉提前过筛。
2 食用油中加入黄油，加热使其溶化。
3 在磅蛋糕模具中铺好硫酸纸。
4 烤箱以 180℃ 预热。

鸡蛋·糖 搅拌
鸡蛋和蛋黄用铲子搅拌，加入糖和香精油少许搅拌。

隔水加热
把①中的鸡蛋以 50℃ 温水隔水加热，同时用铲子加以搅拌，直至看不见糖粒且鸡蛋温热。

打鸡蛋
加热的鸡蛋用手提搅拌机以快速打 3~4 分钟，感觉变稠时改用中速再打 3~4 分钟。

确定泡沫状态

如果泡沫还是凝固在搅拌机的铁丝上就再慢速打 2 分钟。当面糊像飘带一样丝滑，就可以待用了。

搅拌低筋粉

过筛的低筋粉放入④中，用铲子快速搅拌直至看不见生面粉为止。

黄油·食用油 搅拌

往⑤中加入溶化的黄油和食用油，均匀搅拌。

注入模具

把面糊倒入铺好硫酸纸的模具中，将面糊向下压，排出空气。

烤箱烤制

用 170℃烤 35~40 分钟，用筷子戳一下蛋糕中部，如果不沾筷子就说明烤熟了。

● 巧克力海绵蛋糕 ●

巧克力海绵蛋糕在经典海绵蛋糕的用料中排除香草香精，再加上可可粉即可，制作方法与经典海绵蛋糕一样。

用料(制作直径 18cm 蛋糕 1 个)

低筋粉 80g，可可粉 10g，糖 100g，黄油 20g，食用油 1 大匙，鸡蛋 3 个，蛋黄 1 个。

鲜奶油蛋糕

入口即化的香甜奶油和细腻绵软的海绵蛋糕是最佳搭配，且制作简单。

用料（制作直径 18cm 1 个）

海绵蛋糕（参考 p76 制作方法）————1 个

什锦水果————200g

糖浆

糖————4 大匙

水————2 大匙

香草香精————1 滴

淡奶油（whipping cream）

鲜奶油————450g

糖————30g

香草香精————3 滴

准备工作

1 将什锦水果过水，晾干待用。
2 制作糖浆的材料放入锅中，小火熬制，使糖完全溶化。
3 制作圆形的喷嘴。

1 **打奶油** 在鲜奶油中放入糖和香精，使用手提搅拌机充分搅拌，直至奶油有一定硬度为止。

2 **制作底座** 将海绵蛋糕从侧面切为三等份。

3 **在底座上涂抹淡奶油** 用刷子涂抹糖浆，再用刮刀将淡奶油均匀地刷在底座上，撒上适量的什锦水果。

4 **放夹层再次涂抹淡奶油** 完成的底座上再放上海绵蛋糕夹层，重复上一步骤，最后添加顶层。

5 **平整奶油** 用刮刀竖起来45° 将溢出蛋糕侧面的奶油刮平。

6 **顶面涂抹淡奶油** 使用刮刀将淡奶油大面积地涂抹，这时注意手腕用力，使刮刀和蛋糕表面保持45°。

7 **涂抹侧面** 使用刮刀将侧面的奶油涂抹均匀。

8 **整理外形** 涂抹侧面的同时向上刮，使奶油外形更加精细。

9 **装饰** 放入淡奶油，使用喷嘴在蛋糕顶部制作出圆形的装饰，使用刮刀轻压造型。

 可以在鲜奶油蛋糕的顶部摆放新鲜的水果、坚果类、巧克力等，装饰的用料完全依据自己的口味。

长崎蛋糕

蓬松柔软，口感细腻的长崎蛋糕可谓人见人爱。
想做出完美的口感却并不容易，制作过程要有条
不紊。

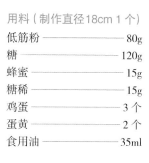

用料（制作直径18cm 1 个）

低筋粉	80g
糖	120g
蜂蜜	15g
糖稀	15g
鸡蛋	3 个
蛋黄	2 个
食用油	35ml

准备工作

1 低筋粉过筛待用。
2 在圆形模具中铺好硫酸纸。
3 烤箱预热至 170℃。

1 **搅拌鸡蛋·糖** 在鸡蛋和蛋黄放入糖、蜂蜜、糖浆，混合搅拌。

2 **隔水加热** 用50℃的温水隔水加热，继续搅拌，直至看不到糖粒，且蛋液稍有温度为止。

3 **打鸡蛋** 使用手提搅拌机以快速打制3~4分钟，变稠之后使用低速继续打3~4分钟。

4 **确认泡沫的状态** 如果泡沫还是凝固在搅拌机的铁丝上就慢速再打2分钟。当面糊像飘带一样丝滑，就可以了。

5 **搅拌低筋粉** 过筛的低筋粉放入④中，用铲子快速搅拌直至看不见生面粉为止。

6 **食用油 搅拌** 往⑤中加入溶化的黄油和食用油，均匀搅拌。

7 **注入模具** 把面糊倒入铺好硫酸纸的模具中，将面糊向下压，排出空气。

8 **烤箱烤制** 用170℃烤35~40分钟，用筷子戳一下蛋糕中部，如果不沾筷子就说明烤熟了。

9 **冷却，切片** 待蛋糕完全冷却后，切成小块。

 长崎蛋糕未完全冷却时用保鲜膜包裹保存，能够维持细润柔软的口感。

草莓蛋糕卷

包裹着草莓的酸甜，柔软的口感可谓蛋糕卷中的极品。

也可以添加其他水果夹馅。

用料(制作 36*30cm 1 个)

底座

低筋粉	80g
糖	80g
糖浆	10g
黄油	15g
鸡蛋	3 个

糖浆

糖	4 大匙
水	3 大匙

夹馅

草莓	10 个
奶油	250g
糖	25g

准备工作

1 低筋粉过筛待用。
2 草莓洗净后切成大小适合的小块。
3 将糖浆用料放入锅中，熬至糖完全溶化。
4 在四边形模具中铺好硫酸纸。
5 烤箱预热至190℃。

1 **和面** 参考 p76 的步骤 1~6，将制作底座的用料混合，和面。

2 **放入模具** 将面糊倒入铺好硫酸纸的模具中，用刮刀将面糊摊平。

3 **烤制·冷却** 以 190℃烤 8~10 分钟，放于冷却架上直至热气完全散去。

4 **打奶油** 在奶油中放入糖，使用手动搅拌机搅拌，奶油变硬时，可以深入搅拌底部。

5 **在底座上涂抹糖浆** 面板上铺好硫酸纸，将烤好的蛋糕放上，颜色深的一面朝上，使用刷子均匀地涂抹糖浆。

6 **涂抹淡奶油** 将④制好的奶油用刮刀均匀地涂在⑤的底座上。要卷制的部分涂得厚重一点，相反方向越来越薄。

7 **放入草莓** 在淡奶油上均匀地摆上草莓切块。

8 **卷制** 用硫酸纸包裹卷制。

切好的草莓蛋糕卷上，还可以用奶油或草莓进行装饰。

绿茶戚风蛋糕

用蛋白糖霜代替黄油，口感清淡绵软，奶油的香甜和绿茶的清爽完美地组合在一起。

用料（制作直径 15cm 蛋糕 1 个）

低筋粉	90g
泡打粉	2g
绿茶粉	4g
糖	40g
蛋黄	4 个
牛奶	80ml
食用油	40g

蛋白糖霜

蛋清	4 个
糖	40g

糖浆

糖	4 大匙
水	2 大匙
香草香精	1 滴

淡奶油

奶油	250g
糖	25g

表面装饰

绿茶粉	适量

准备工作

1 低筋粉、泡打粉、绿茶粉提前过筛。
2 制作糖浆的材料放入锅中，小火熬制，使糖溶化。
3 在戚风蛋糕的模具中使用喷雾器喷水。
4 烤箱以 160℃ 预热。

1 **打制蛋白泡沫** 用搅拌机快速打制 3 分钟。

2 **制作蛋白糖霜** 泡沫充足之后，分 3 次加入 40g 的糖，搅拌机使用中速。泡沫有点变硬后，用搅拌机多打一下底部。

3 **蛋黄・糖・牛奶搅拌** 搅拌器将蛋黄和 40g 糖进行搅拌，糖溶化后加入少许牛奶搅拌。

4 **食用油 搅拌** 在上一步的基础上加入 1/3 的蛋白霜糖，倒入少量食用油，用打蛋器搅拌。

5 **搅拌粉状用料** 过筛的低筋粉等粉状用料放入④中，用铲子快速搅拌，直至看不见生面粉为止。

6 **搅拌蛋白霜糖** 在⑤中放入剩下的蛋白霜糖，用铲子从内及外，从下至上搅动。当铲子上的面糊能缓缓地滑落，这种状态就可以了。

7 **倒入模具烤制** 倒入模具的 80% 即可，向底部压 2 次排出空气。以 160℃在烤箱中烤 40 分钟之后，放在冷却架上冷却。

8 **打制奶油** 在奶油中放入糖，使用手动搅拌机搅拌，奶油变硬时，可以深入搅拌底部。

9 **装饰** 在烤好的蛋糕上刷糖浆，涂抹淡奶油，再撒上绿茶粉。

咸风蛋糕应该低温长时间烤制，方能保证柔软的口感。从烤箱里一取出来就倒置摆放，可以使蛋糕不至干瘪。

巧克力蛋糕

想要品尝巧克力的浓郁味道，一定不能错过这一款。
粗犷的切法更能带来食欲。

用料（制作 18cm 1 个）

低筋粉	20g
可可粉	45g
糖	50g
黄油	60g
鸡蛋	3 个
牛奶	20ml
奶油	50ml
巧克力	70g

糖霜

蛋清	3 个
糖	75g

准备工作

1 低筋粉、可可粉提前过筛。
2 在蛋糕圆形模具中铺好硫酸纸。
3 烤箱以 170℃预热。

1 **打制蛋白泡沫** 用搅拌机快速打制 3 分钟。

2 **制作蛋白糖霜** 泡沫充足之后，分 3 次加入 75g 的糖，搅拌机使用中速搅拌。泡沫有点变硬后，用搅拌机多打一下底部。

3 **巧克力·黄油隔水加热** 将巧克力和黄油用 50℃ 的水进行加热。

4 **蛋黄·糖 搅拌** 用打蛋器将蛋黄和 50g 白糖搅拌，至看不到任何颗粒为止。

5 **牛奶·奶油 搅拌** 在④中加入牛奶，然后缓慢地倒入奶油进行搅拌。

6 **搅拌巧克力** 在⑤中放入溶化的巧克力，慢慢地倒入，用打蛋器搅拌。

7 **粉状用料搅拌** 在⑥中放入 1/3 蛋白糖霜，轻轻搅拌。加入过筛的粉状用料，用铲子快速搅拌直至看不见生面粉为止。

8 **搅拌糖霜** 放入剩下的蛋白霜糖，用铲子从内及外，从下至上搅动。当铲子上的面糊能缓缓地滑落，达到这种状态就可以了。

9 **倒入模具烤制** 面糊倒入模具，将表面平整均匀。以 170℃在烤箱中烤 40~50 分钟。

 隔水加热巧克力时要注意温度，如果水温高于50℃，巧克力中的脂肪和固体成分会分离，口感会下降。

纽约芝士蛋糕

芝士蛋糕中口味最浓厚的莫过于纽约芝士蛋糕。
奶油、柠檬、香精让香气更加浓郁。

用料（制作直径 18cm 蛋糕 1 个）

表层

全麦曲奇	100g
黄油	28g
糖	1/2 大匙

馅料

奶油奶酪	284g
低筋粉	15g
糖	88g
鸡蛋	1 个
蛋黄	1 个
奶油	30g
香草精油	1/2 大匙
柠檬块	1/4 个

准备工作

1 黄油和奶油奶酪在使用
  前在室温中放 1 小时。
2 低筋粉提前过筛。
3 烤箱以 160℃预热。

1 **制作曲奇粉** 将全麦曲奇切小块放入塑料袋中，压碎或者用臼捣碎。

2 **放入黄油，制作表层** 在曲奇粉中加入黄油和糖，带一次性手套揉搓，搅拌均匀。

3 **铺在模具底面** 平铺在圆形模具的底面上，用手压实，放入冰箱 30 分钟，使之凝固。

4 **打奶油奶酪** 使用手提搅拌机打奶油奶酪，加糖快速搅拌。

5 **打鸡蛋** 在④放入鸡蛋，用手提搅拌机以快速搅拌。

6 **加入柠檬块·淡奶油·香精** 在⑤中加入柠檬块、淡奶油、香草香精，用低速打制 1 分钟。

7 **搅拌低筋粉** 将过筛的低筋粉放入，搅拌均匀。

8 **注入模具** 把⑦倒在凝固的底面上，表面均匀整平，排出空气。

9 **烤制** 用 160℃烤 45~50 分钟，用筷子戳一下蛋糕中部，如果不沾筷子就说明烤熟了。

芝士蛋糕表面烤得浓郁更好吃，颜色较浅的话可以多烤一会儿。

南瓜红豆蛋糕

用红豆粉制造出细腻口感的红豆蛋糕。
添加南瓜粉更添金黄色泽和香甜味道。

用料（制作直径 18cm 蛋糕 1 个）

红豆粉—————————200g
南瓜粉—————————2 大匙
泡打粉—————————2/3 小匙
桂皮粉—————————1/4 小匙
盐————————————1/4 小匙
糖————————————20g
鸡蛋—————————————1 个
牛奶—————————————200ml
香草精油——————————1 小匙
红豆馅——————————适量
黄油————————————少许

准备工作

1 鸡蛋和牛奶在使用前于室温中放置 1 小时。
2 红豆粉、南瓜粉提前过筛。
2 在模具中涂抹少许黄油。
4 烤箱以 180℃预热。

1 **粉状材料搅拌** 过筛的粉状材料和糖、盐放在一起，均匀搅拌。

2 **鸡蛋·牛奶·香精 搅拌** 搅拌器将蛋黄和牛奶、香精进行搅拌，均匀地打出泡沫。

3 **和面** 将粉状用料缓缓地倒入②之中，用打蛋器快速搅拌，直至看不见生面粉且面糊看上去很光滑为止。

4 **注入模具** 将面糊倒入模具容量的 50% 即可。

5 **放红豆馅** 在面糊上均匀放上红豆馅，再倒入面糊至模具容积的 90%。

6 **撒红豆** 把红豆均匀地撒在表面，用 180℃烤 30~35 分钟。

红小豆是加糖熬制而成的，一次没用完的话，一定要密封好放于冰箱冷冻。

迷你红薯杯糕

入口慢慢溶化的杯糕，小巧精致，一口一个。

用料（制作迷你杯糕 15 个）

红薯	350g
糖	20g
蜂蜜	15g
黄油	15g
蛋黄	2 个
奶油	50ml
炼乳	1 大匙
香草豆	1/4 个

准备工作

1 黄油在使用前 1 小时放于室温中。

2 红薯洗净，用锡纸包裹放在烤箱中，以 200℃ 烤 50 分钟。

3 蛋黄和牛奶调制蛋黄酱。

4 自制星型口的喷嘴。

5 烤箱以 200℃ 预热。

1 **碾碎烤红薯** 将红薯烤好，在变冷之前剥皮并碾成泥状。

2 **混合搅拌** 在红薯泥中加入蜂蜜、糖、黄油、蛋黄、淡奶油、炼乳、香草豆等，用铲子搅拌均匀。

3 **滤网过滤** 把上一步制成的糊在滤网中过滤。

4 **放入喷嘴** 将过滤好的红薯糊放入喷嘴之中。

5 **造型** 用喷嘴把红薯糊注入迷你杯糕的模具中。

6 **抹酱烤制** 用刷子在表面涂抹蛋黄酱，用 200℃ 烤 10~15 分钟。

 红薯也可以用微波炉烤，洗净后剥皮，切 4~5 等份，放入 2 大匙水后覆盖薄膜，烤 5 分钟即可。

布朗尼

浓厚的巧克力香味，加上结实耐嚼的口感，这就
是布朗尼蛋糕的特点。

可以选择添加适合个人口味的坚果或干果。

用料（制作 15*15cm 1 个）

低筋粉	60g
可可粉	50g
泡打粉	1/2 小匙
盐	1g
糖	150g
黄油	100g
鸡蛋	2 个
黑巧克力	50g
巧克力碎	50g
核桃碎	40g

准备工作

1 黄油和鸡蛋使用前 1 小
  时放于室温中。
2 低筋粉、可可粉、泡打
  粉提前过筛。
3 在蛋糕模具中铺好硫酸
  纸。
4 烤箱以 180℃预热。

1 **黄油软化** 用手提搅拌机将黄油打软成膏状。

2 **搅拌巧克力** 巧克力用50℃温水隔水加热，之后放入①中搅拌。

3 **加入糖·盐** 黄油和巧克力充分搅拌后加入糖和盐，继续搅拌。

4 **加入鸡蛋** 在③中加入鸡蛋搅拌。

5 **混合粉状材料** 在④的基础上放入各种粉状用料，轻度搅拌至均匀。

6 **加入核桃** 留下少许作为表面装饰用，剩下的倒入碗中搅拌直至看不见生面粉，面糊呈现光泽为止。

7 **注入模具** 把面糊倒入铺好硫酸纸的模具中，将表面收拾平整、均匀。

8 **表面装饰 烤制** 在面糊上撒上巧克力碎和核桃，用180℃烤 20 分钟。

 没有核桃的话，不放也没关系。

提拉米苏

甜美柔软的意大利传统甜点，
在细腻的海绵蛋糕或长崎蛋糕上放奶油奶酪制成。

用料（制作 100ml 4 个）

奶油奶酪	200g
蛋黄	1 个
糖	30g
淡奶油	150ml
香草香精	1/4 小匙
浓咖啡	100ml
海绵蛋糕（参考 p76）	适量

蛋白糖霜

蛋清	1 个
糖	20g

表面装饰

可可粉	适量

准备工作

1 冲调浓咖啡放凉待用。
2 淡奶油在打出泡沫前放
  冰箱冷藏。
3 奶油奶酪使用前 30 分钟
  放于室温中。

1 **海绵蛋糕切片** 将海绵蛋糕切成 5mm 的小片，每个杯中放入 2 片。

2 **打淡奶油** 在奶油中加入香草香精，用手提搅拌机打出泡沫，然后放入冰箱冷藏。

3 **搅拌奶油奶酪·蛋黄** 奶油奶酪打散之后放入蛋黄，搅拌至黄色。

4 **搅拌糖·奶油** 在③中放入糖，用搅拌机打制，待糖溶化后，把奶油分两三次倒入，搅拌均匀。

5 **制作糖霜** 蛋清用搅拌机快速档打 3 分钟，糖分 3 次放入，搅拌机转为中速，待泡沫有一定力度即可。

6 **混合糖霜和奶油** 把糖霜分两次加入④中，用铲子轻轻地搅拌。

7 **涂抹咖啡** 用刷子将调制好的咖啡刷在海绵蛋糕上。

8 **放入奶油** 将⑥制成的调和奶油注入半杯，再放海绵蛋糕和咖啡，在纸上继续放入奶油填满整个杯子。

9 **冷藏** 将提拉米苏放入冰箱冷藏 1 小时以上，待凝固后取出撒上可可粉。

 意大利传统的提拉米苏使用马斯卡波尼（Mascarpone）奶酪，但是由于价格较贵且不容易买到，我们可以用味道相似的奶油奶酪代替。

布丁蛋糕

这种甜点是面包在牛奶和鸡蛋中浸透，吸入热蒸汽后在烤箱中烤制而成，温柔如丝。

用料（制作 2 个布丁杯）

面包（参考 p126）—— 5 块
糖 ————————40g
鸡蛋 ————————1 个
蛋黄 ————————2 个
牛奶 ——————200ml
淡奶油 ——————50g
香草豆 ——————1/4 个
杏仁切片 ————适量

准备工作

1 烤箱以 180℃预热。

1 **面包切片** 将面包切成边长 2cm 的四方小块。

2 **煮牛奶·淡奶油** 在锅中放入牛奶、奶油和香草豆，用小火煮温。

3 **搅拌鸡蛋·糖** 用打蛋器搅拌鸡蛋和糖，打出泡沫。

4 **倒入热牛奶** 往上一步的鸡蛋中缓缓倒入热好的牛奶，用打蛋器打均匀，然后过滤待用。

5 **放入面包** 在布丁杯中放入面包丁，将④倒入浸透。

6 **撒杏仁片** 撒上杏仁片，用 180℃烤 20~25 分钟。

 家中各种种类的面包都可以切小块做这款布丁。

苹果派

放入桂皮粉调味的苹果会散发出别样的香气。
使用酸甜的红玉苹果制成的苹果派口味最为地道。

用料(制作直径 14cm 1 个)

面饼

低筋粉	70g
泡打粉	1/8 小匙
盐	1g
奶油	40g
牛奶	20ml

苹果馅料

苹果	1 个
黄糖	30g
桂皮粉	1/2 小匙
黄油	1 大匙
柠檬	1 小匙

酱汁

鸡蛋	1/2 个
牛奶	50ml

准备工作

1 黄油和低筋粉使用前放于冰箱冷藏。
2 苹果洗净去皮，切成小块儿。
3 鸡蛋和牛奶混合做成酱汁。
4 烤箱以 200℃预热。

1 **制作苹果馅料** 在锅中放入苹果、黄糖、柠檬汁，炒制到没有水时放入黄油和桂皮粉，小火炖至苹果呈现出光泽为止。

2 **混合材料** 将低筋粉、泡打粉、盐混合，再加入低温黄油，使用刮刀"刀切法"进行搅拌。

3 **倒入牛奶和面** 缓缓倒入少量牛奶，用铲子搅拌，注意不要结团，搅拌至看不见生面粉为止。

4 **擀面** 将面揉成圆团，放在冰箱醒面 30 分钟，面板上撒少许面粉，用擀面杖擀成 3mm 厚的面饼。

5 **放入苹果派模具** 用模具在平铺的面饼上扣压，刮刀切除多余的部分，用叉子将模具中的面饼压实。

6 **制作长面皮** 剩余的面擀成 2mm 厚的面皮，然后切成长条。

7 **放入苹果 造型** 在⑤中填入苹果馅料，如图所示上面覆盖面皮，用刷子刷上酱汁。

8 **烤制** 用 200℃烤 20~30 分钟，苹果派呈黄色即可。

 苹果馅料中放入一些苹果块也会增加口感。

蛋挞

小巧精美的蛋挞，可以作为礼物送人。
制作的体积越小，味道和品相就会更好。

用料（直径 8cm 4 个）

外皮

低筋粉	160g
盐	1g
糖粉	30g
黄油	80g
水	20~30ml

馅料

蛋黄	3 个
糖	60g
牛奶	120g
淡奶油	75g
香草豆	1/4 个

准备工作

1 黄油和鸡蛋使用前 1 小
  时放于室温中。
2 烤箱以 200℃预热。

1 **煮牛奶·淡奶油** 在锅中放入牛奶、奶油和香草豆，用小火煮温。

2 **搅拌蛋黄·糖** 用打蛋器搅拌蛋黄和糖，打出泡沫。

3 **制作馅料** 往上一步的鸡蛋中缓缓倒入热好的牛奶，用打蛋器打均匀，然后过滤，小火炖煮。

4 **搅拌材料** 将低筋粉、泡打粉、盐、低温黄油混合，用刮刀"刀切法"搅拌。

5 **加水和面** 在④中倒入少许水，用铲子快速搅拌。当面形成面团后，用手揉至看不见生面粉为止。

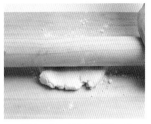

6 **擀面** 将面揉成圆团，放在冰箱醒面 30 分钟，面板上撒少许面粉，用擀面杖擀成 3mm 厚的面饼。

7 **放入模具** 把和好的面填入模具，溢出的部分用刮刀刮掉，用叉子将模具中的面饼压实。

8 **添加馅料** 在⑦中倒入③，填至 85% 即可。

9 **烤箱烤制** 用 200℃烤 15~20 分钟。

 注意馅料切勿注入太多，这样可能会外溢，一般放入模具容量的 85% 即可。

核桃派

核桃的浓香以及入口的爽脆是这款甜点的特点，
不仅如此，核桃派还营养丰富。
尽情咀嚼，老少咸宜。

用料(制作直径 18cm 1 个)

外皮

低筋粉	200g
泡打粉	1/4 小匙
盐	2g
糖粉	15g
黄油	100g
冷水	55ml

馅料

核桃碎	230g
桂皮粉	1 小匙
玉米淀粉	1 小匙
盐	少许
黄糖	70g
糖稀	120g
溶化的黄油	30g
鸡蛋	3 个
香草豆	1/4 个

准备工作

1 黄油和低筋粉放入冰箱
　 冷藏待用。
2 核桃用烤箱 170℃ 烤 5
　 分钟。
3 烤箱以 190℃ 预热。

1 **搅拌材料** 将低筋粉、泡打粉、糖粉、盐、低温黄油混合，用刮刀"刀切法"搅拌。

2 **加水和面** 在①中倒少许水，用铲子快速搅拌。当面形成面团后，用手揉至看不见生面粉为止。

3 **擀面** 将面揉成圆团，放在冰箱醒面 30 分钟，面板上撒少许面粉，用擀面杖擀成 3mm 厚的面饼。

4 **放入核桃派模具** 平铺的面饼扣压入模具之中，用叉子将模具中的面饼压实，不留缝隙。

5 **醒面** 在面饼上用叉子扎气孔，放入冰箱醒面 30 分钟。

6 **混合馅料** 鸡蛋打散后加入黄糖、盐、糖稀、香草豆、溶化的黄油、桂皮粉、玉米淀粉，均匀搅拌。

7 **过滤** 将上一步只做好的馅料在筛子中过一下。

8 **添加馅料** 在面饼上撒满核桃，然后浇上酱汁。

9 **烤箱烤制** 用190℃烤35~40分钟。

 馅料可谓核桃派的生命源泉，从鸡蛋、糖到黄油，都要均匀搅拌，避免结块。

Part 4　面包

当对于曲奇和蛋糕的制作有自信之后，就挑战面包制作吧！

和面，发酵，烤制虽然并不容易，但用心琢磨，你也能成为制作美味面包的专家！

面包的基础揉面方法

对于初学者和面绝非易事，为了让初学者跟上，在这里将和面要领详细地讲解。熟练掌握之后才能活学活用。

用料（制作 10 个）

高筋粉	250g
盐	5g
糖	32g
干酵母	4g
黄油	45g
鸡蛋	1 个
水	120ml

混合用料

粉状用料混合

高筋粉过筛后放入碗中，按顺序放入盐、糖、干酵母，这时候不要让干酵母黏上糖和盐。

加入鸡蛋

放入鸡蛋和水，再加入全部粉状用料和水，均匀搅拌。

揉团

将碗中的粉状物搅拌成面团。

● 和面时用水调节的方法 ●

想要制作柔软的面包要注意水的使用。口感当然也与面粉、酵母、辅料的状态，还有当天天气有关，使用的水温和水量也要随之调节。水温方面，夏天一般用 15℃，冬天用 25~30℃，利于面团发酵。水量则在和面的过程中调节，不要一上来就按照制作方法标注的量全部倒入，而先留下 20~30ml。根据和面的情况再决定加入剩下的水。

和面3分钟大致可以制造出柔软口感的面团。和面时如果出现面筋，再加入面或水，面团都很难吸收且不融合，那样对面团纹理有影响。和面达到柔软且紧致的感觉是最佳的。

● 酵母的使用方法 ●

酵母放的时间久了会失效，不利于发酵而且和面会失败。酵母可以拿起来就用，但精益求精的话还是要确认一下。放温水 1 大匙加上酵母 1 匙、糖 1/2 匙，放置 15 分钟。如果产生泡沫而且有味道散出，说明酵母可以使用。相反情况说明酵母的发酵效果大打折扣了，可以直接扔掉。如果酵母发酵效果不好，可以用 5 倍量的酵母融入水中，再加一小匙糖放在温暖的地方单独发酵一会，再加入和面。注意，溶化的酵母糊的容量要计算在内，和面时要少加入同等容量的水。

4

加入黄油
如果面糊结团就用铲子铲出来，用手搅拌直至看不到生面粉为止。

5

搓揉
均匀地撒上黄油，用手揉搓面团。

6

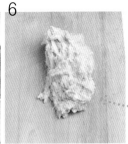

在板上和面
当黄油完全融合后放在面板上。（绿字）放在板上前，先撒些面粉，手上也撒一些面粉，可以避免粘连。

和面之前，先在面板上撒一些面粉，手上也沾一点面粉，可以减少粘连。

7

8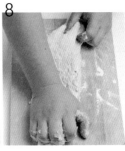

9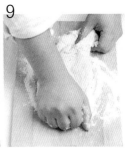

揉团
使用双手将面板上的面团用力揉成圆形。

拉长
用手掌把面团用力按压，并向前拉长。

重复动作
将面团拉长，再折叠，重复以上动作5分钟。通过这道工序，用料得到均匀的揉制。

揉面

10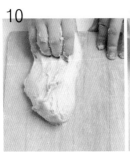

11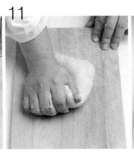

12

下拉
单手抓住面团的底部，向下拉长面团。

反复按压
将拉长的面团对折后用手掌按压。

重复动作
重复以上两个动作，持续10分钟。

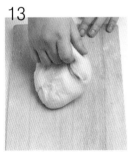

13

弹力

重复以上动作，把面揉到不再沾手和面板，并且能感觉到弹力时即可。

14

确认面团状态

用手把面团压薄，薄到可以看到手指印儿的程度，即可完成。

● 面包机的使用方法 ●

使用面包机可以更轻松地制作面包。把所有用料放入机器，选择和面程序，完成后再加入黄油继续自动和面。在和面过程结束前 3~5 分钟，放入其他辅料，并将面团置于机器中进行一次发酵。

一次发酵

15

测量温度

面团揉至光滑放在碗中，最佳发酵温度是 27℃。

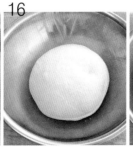

16

发酵 2~5 小时

在碗上覆盖保鲜膜，在 27℃的室温中发酵 2~5 小时。

17

膨胀 2 倍

发酵结束，会发现面团膨胀了至少 2 倍。

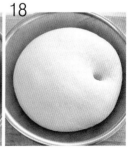

18

用手指戳一下确认

手指戳一下面团，能在面团上摁出小坑说明发酵完成。如果摁下去的面团还能弹回来，即发酵还不充分。如果戳的洞变大，说明发酵过度了。

早餐包

早餐时间搭配牛奶，食用简便。
适合涂抹黄油和果酱吃。

用料（制作 12 个）

高筋粉 —————— 230g
低筋粉 —————— 20g
干酵母 —————— 4g
盐 —————— 5g
糖 —————— 32g
黄油 —————— 30g
鸡蛋 —————— 1 个
牛奶 —————— 50ml
水 —————— 70ml

准备工作

1 黄油和鸡蛋在使用前 1 小时放置于室温中。
2 高筋粉、低筋粉提前过筛。
3 烤箱以 200℃预热。

1 **和面，一次发酵** 参考 p118 基本和面方法，将用料和好后进行一次发酵。

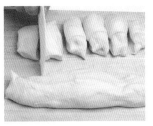

2 **切面团** 在面板上撒面粉，将一次发酵好的面团用刮刀切成 40g 的小面团。

3 **揉团** 在手中将面团揉成表面光滑的圆球形。

4 **醒面** 防止面团变干，可以覆上保鲜膜或棉布，醒面 10 分钟。

5 **二次发酵** 醒好的面团整齐地放在烤箱烤盘上，用保鲜膜或棉布覆盖，置于 30℃的地方 40~45 分钟，进行二次发酵。

6 **烤箱烤制** 用 200℃烤 10 分钟。

早餐包可以一次烤多个，要吃的时候简单加热即可。
烤完的早餐包要完全放凉后，放入密封的保鲜袋或容器里，置于冰箱保存。

蛋黄酱面包

月牙形的面包充满细腻柔软的蛋黄酱。
入口即化，味道香甜。

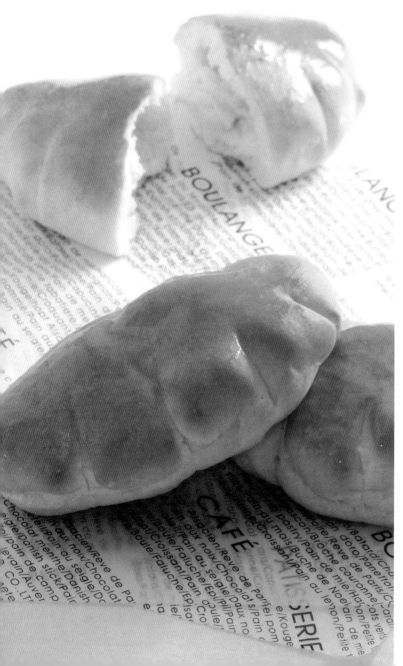

用料（制作 10 个）

高筋粉	230g
低筋粉	20g
干酵母	4g
盐	5g
糖	32g
黄油	45g
鸡蛋	1 个
牛奶	50ml
水	70ml

蛋黄酱

低筋粉	25g
糖	45g
黄油	20g
牛奶	220ml
淡奶油	30ml
蛋黄	3 个
香草豆	1/3 个

酱汁

鸡蛋	1/2 个
牛奶	50ml

准备工作

1 黄油和鸡蛋在使用前 1 小时放置于室温中。
2 高筋粉、低筋粉提前过筛。
3 鸡蛋打好，加入牛奶混合做成酱汁待用。
4 烤箱以 200℃预热。

1 **煮牛奶** 在锅中放入牛奶、奶油和香草豆，用小火煮温。

2 **搅拌鸡蛋·糖** 用打蛋器搅拌鸡蛋和糖，打出泡沫。之后将淡奶油和①煮好的牛奶缓缓倒入搅拌。

3 **熬制蛋黄酱** ②过滤后放入锅中熬制，开始变稠时放入黄油，完全溶化后即关火。

4 **一次发酵** 参考 p108 基本和面方法，将用料和好后进行一次发酵。

5 **醒面** 将面团分成 45g 的小面团，防止面团变干，可以覆上保鲜膜或棉布，醒面 10 分钟。

6 **放入蛋黄酱** 醒好的面用擀面杖擀平，每个放入蛋黄酱 30g。

7 **制作月牙外形** 在和好的面团边缘沾上水，对折黏合成月牙状。

8 **划口 二次发酵** 醒好的面团划出切口，放在烤箱烤盘上刷上酱汁，用保鲜膜或棉布覆盖，置于 30℃ 的地方 40~45 分钟，进行二次发酵。

9 **烤箱烤制** 用200℃烤10~15 分钟。

 制作蛋黄酱时少放牛奶，多放淡奶油的话，可以得到更柔软、浓郁的口感。所以，根据自己的口感做出调整吧。

豆沙面包

人见人爱，老少咸宜。
撒上黑芝麻，更能勾起食欲。

用料（制作 10 个）

高筋粉	230g
低筋粉	20g
干酵母	4g
盐	5g
糖	32g
黄油	45g
鸡蛋	1 个
牛奶	50ml
水	70ml

内陷

红豆酱	500g

酱汁

鸡蛋	1/2 个
牛奶	50ml

准备工作

1 黄油和鸡蛋在使用前 1 小时放置于室温中。
2 高筋粉、低筋粉提前过筛。
3 鸡蛋打好，加入牛奶混合做成酱汁待用。
4 烤箱以 200℃预热。

1 **和面，一次发酵** 参考 p108 基本和面方法，将用料和好后进行一次发酵。

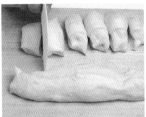

2 **切面团** 在面板上撒面粉，将一次发酵好的面团用刮刀切成 45g 的小面团。

3 **揉团** 在手中将面团揉成表面光滑的圆球形。

4 **醒面** 防止面团变干，可以覆上保鲜膜或棉布，醒面 10 分钟。

5 **填入馅料** 将醒好的面团擀成面饼，每个填入 45g 红豆酱馅料。

6 **捏出造型** 把红豆酱压入面团，用手捏合并压成圆饼。

7 **刷酱** 放在烤盘上刷上酱汁。

8 **二次发酵 烤制** 醒好的面团用保鲜膜或棉布覆盖，置于 30~35℃的地方 40 分钟，进行二次发酵。然后用 200 ℃烤 10~15 分钟。

 在面糊中放入馅料时也可以添加 2~3 个核桃，可以增加浓郁的香气和咀嚼的口感，形成独特的滋味。

咖啡面包

浓郁的咖啡香细腻香甜，颇具人气。
关键要做出外皮松脆，内部松软的口感。

用料（制作 8 个）

高筋粉	230g
低筋粉	20g
干酵母	4g
盐	5g
糖	32g
黄油	45g
鸡蛋	1 个
牛奶	50ml
水	70ml

内陷

黄油干酪	120g

表面装饰

低筋粉	50g
速溶咖啡	1/2 大匙
糖粉	50g
黄油	50g
鸡蛋	1 个

准备工作

1 黄油和鸡蛋在使用前 1 小时放置于室温中。
2 高筋粉、低筋粉提前过筛。
3 鸡蛋打好待用。
4 烤箱以 190℃ 预热。

1 **搅拌黄油·糖粉** 用打蛋器将黄油打制成膏状，加入糖粉，搅拌呈白色为止。

2 **放入鸡蛋** 在①中放入鸡蛋，用打蛋器均匀搅拌。

3 **完成表面装饰** 在②中加入低筋粉和速溶咖啡，用铲子轻轻搅拌后放入喷嘴。

4 **和面，一次发酵** 参考p108基本和面方法，将用料和好后进行一次发酵。

5 **切分 揉团** 将一次发酵好的面团分成60g的小团，在手中将面团揉成表面光滑的圆球形。

6 **醒面** 在面团上覆上保鲜膜或棉布，醒面10分钟。

7 **填入馅料** 将醒好的面团擀成面饼，每个填入15g的黄油干酪。

8 **二次发酵** 醒好的面团整齐地放在烤箱烤盘上，用保鲜膜或棉布覆盖，置于30~35℃的地方40~45分钟，进行二次发酵。

9 **烤箱烤制** 用190℃烤15分钟。

 表面装饰的用料除了速溶咖啡，还可以用可可粉，这就可以制成可可面包了。

百吉圈

这种口味清淡的面包是"纽约客"的经典早餐，由于是焯过后烤制，所以脂肪含量少，是深受欢迎的低热量食品。

用料（8个）

高筋粉	300g
干酵母	3g
盐	6g
糖	15g
橄榄油	1 大匙
水	180ml

准备工作
1 高筋粉提前过筛。
2 烤箱以 200℃预热。

1 **和面** 将高筋粉、糖、盐、干酵母、水、橄榄油放入碗中，用铲子均匀搅拌。在面板上撒上面粉，揉 10~15 分钟，使面饼表面光滑。

2 **一次发酵** 将面饼和好后，覆盖保鲜膜或棉布，在 27℃室温发酵 2~3 小时。然后切成 60g 一个的小面团。

3 **醒面** 用手将面团揉成表面光滑的圆球形。覆上保鲜膜或棉布，醒面 10 分钟。

4 **压面团** 醒好的面揉成长 15cm 的圆条，将尾部压平。

5 **造型** 首尾连接压实，做成圆圈状。

6 **二次发酵** 醒好的面团整齐地放在烤箱烤盘上，用保鲜膜或棉布覆盖，置于 30℃的地方 30~35 分钟，进行二次发酵。

7 **焯面团** 发酵好的面团放入水中焯 30 秒。

8 **烤箱烤制** 焯好的面团放入烤箱，用 200℃烤 15~20 分钟。

 百吉圈的二次发酵比一般面包时间短。发酵时间过长的话，焯过之后会起皱。

免揉低温发酵面包

不用手揉面，只需要放在室温中发酵，简单的制作就能获得清淡的口感。

用料（制作 25*12cm 1 个）

高筋粉	300g
干酵母	1g
盐	6g
糖	240ml

准备工作

1 高筋粉提前过筛。
2 烤箱以 210℃预热。

1 **材料混合** 在碗中按顺序放入高筋粉、干酵母、盐，加水用铲子搅拌均匀，直至看不见生面粉为止。

2 **一次发酵** 将面饼和好后，覆盖保鲜膜或棉布，在 22~24℃室温发酵 12 小时。

3 **和面折叠** 在面板上撒面粉，将一次发酵好的面团平铺开来，再分三等份折叠。

4 **造型** 再向相反方向三等分，叠起来揉成椭圆形。

5 **二次发酵** 醒好的面团整齐地放在烤箱烤盘上，用保鲜膜覆盖，置于室温中 2 小时，进行二次发酵。

6 **切口** 等面膨胀到 2 倍大小时，撒上面粉，用刀划出长的切口。

7 **烤箱烤制** 用 200℃先烤 15 分钟，然后降低到 180℃烤 20 分钟。

 水分较多的面团可以放入预先加热的砂锅，再放入烤箱烤制，更筋道耐嚼。

意香草橄榄油面包

橄榄油带来独特的浓郁味道，用手指按压出自然的外形。

用料（制作 17*17cm 1 个）

高筋粉	210g
干酵母	3g
盐	4g
糖	20g
迷迭香	1g
核桃碎	20g
橄榄油	20g
水	130ml

准备工作

1 高筋粉提前过筛。
2 迷迭香提前捣碎。
3 核桃放在烤箱里烤一下。
4 烤箱以 190℃ 预热。

1 **和面** 在碗中按顺序放入高筋粉、干酵母、盐、糖、水、橄榄油用铲子搅拌均匀，之后再添加迷迭香和核桃碎，混合搅拌10分钟。

2 **一次发酵** 将面饼和好后，覆盖保鲜膜或棉布，在27℃室温发酵45分钟。

3 **排气** 一次发酵完成后放在面板上再揉一会，排出气体。

4 **放入模具** 在方形模具涂抹橄榄油，放入面团，顶部也涂抹橄榄油，用手指按压均匀。

5 **二次发酵** 面团用保鲜膜覆盖，置于温暖的地方35分钟，进行二次发酵。

6 **烤箱烤制** 用 190℃ 烤 20分钟。

 面团上放香草或橄榄烤制也不错哦。

低温快速发酵面包

这种面包长时间发酵后，能够保持长时间的柔软口感。
也可以制作吐司或三明治。

用料（制作 30*10cm 1 个）

高筋粉	200g
干酵母	4g
盐	5g
糖	35g
脱脂奶粉	10g
黄油	40g
鸡蛋	40g
牛奶	10ml

汤种

高筋粉	20g
水	95ml

中种（Polish）

高筋粉	100g
干酵母	1g
水	100ml

准备工作

1 高筋粉提前过筛。
2 烤箱以 180℃预热。

1 **制作汤种** 放入汤种用料，搅拌避免结团，小火加热。

2 **汤种速成** 汤种变稠呈糊状，确认温度达到65℃即可关火。热气散去后放入保鲜袋，在冰箱中放10小时。

3 **制作中种（polish）** 在水中溶化干酵母加入高筋粉，用铲子搅拌均匀，覆盖保鲜膜在室温中放2小时，发酵后放入冰箱8~12小时。

4 **和面** 按顺序放入高筋粉、糖、盐、脱脂奶粉、干酵母，再加入鸡蛋、牛奶、中种polish、汤种均匀搅拌。面和成团后放入黄油，揉至光滑富有弹力为止。

5 **一次发酵** 将④覆盖保鲜膜或棉布，在22~24℃室温发酵12小时。

6 **醒面** 发酵后揪成小面团，均匀地揉成圆团，覆盖保鲜膜醒面10分钟。

7 **造型** 在面板上撒面粉，用擀面杖擀平，长边分三等份折叠，再从相反方向卷起来。

8 **二次发酵** 和好的面放入模具，向底面轻压。用保鲜膜或棉布覆盖，置于30~35℃的地方40分钟，进行二次发酵。

9 **烤箱烤制** 当面团发酵高出模具边缘1cm时，再用烤箱调至180℃，烤30分钟即可。

 面包模具最好使用有涂层的模具，如果没有面包模具，也可以用磅蛋糕模具代替。